따뜻하고 단단한 훈육

소리 지르고 후회하고,
화내고 마음 아픈 육아는 이제 그만!

따뜻하고 단단한
훈육

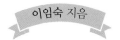

이임숙 지음

아이는 날마다 조금 더 배우고,
조금 더 잘하게 되고,
조금 더 멋진 사람으로 성장하고 싶다.
훈육은 그런 아이를 도와주는 일이다.

"엄마, 미워!" "엄마, 고맙습니다."

훈육이 끝난 후 아이가 하는 말은 둘 중 어떤 말인가? 훈육 후 엄마 아빠를 바라보는 아이의 눈빛이 원망에 차 있다면 그건 실패한 훈육일 것이다. 반대로 분명히 훈육했는데 아이의 표정이 밝고 예쁜 짓을 하며 "고맙습니다"라고 말한다면 분명 아주 성공적인 훈육이었다.

1살에서 10살까지 아이를 둔 부모들의 가장 큰 고민 중 하나가 훈육이다. 아이들은 커가면서 다양한 문제행동을 보인다. 부모는 그 행동을 멈추게 하고 올바른 행동을 가르치기 위해 훈육을 하지만 제대로 효과를 보지 못할 뿐 아니라 오히려 아이의 문제행동이 더 심해지기도 한다. 열심히 훈육했는데 왜 효과가 없거나 오히려 부작용이 생길까? 그건 아마도 지금 열심히 시행하고 있는 훈육법이 아이에게 맞지 않다는 의미일 것이다.

지금 내가 알고 있는 훈육은 어떤 방법인가? 아이의 두 팔을 강하게 잡고, 두 눈 부릅뜨고, 목소리 깔고 엄격하게 하는 모습인가? 만약 그렇다면 훈육에 대한 오해와 편견이 있다는 생각이 든다. 훈육은 아이를 겁주고 혼내는 것이 아니라 아이를 가르쳐서 깨닫게 하는 것이다. 무섭고 두려운 상황이라면 아이는 어떤 것도 제대로 배울 수 없다.

실제 아이들을 상담하는 현장에서도 '훈육상담'을 진행하기도 한다. 적절한 시점에 효과적인 훈육상담이 이루어지고 나면, 그다음부터 아이는 확연히 달라진다. 문제행동이 아주 심각한 아이부터, 기질적으로 산만한 아이까지도 달라지는 모습을 볼 수 있다. 그때 훈육 태도는 절대 무섭고 엄격하지 않다. 아이의 눈을 따뜻하게 바라보며 꼭 지켜야 할 것이 무엇인지 단단하게 가르친다. 혹시 아이가 앉아서 대화하기를 거부하면 뒤에서 따뜻하게 꼭 껴안고 얼마나 힘든지 마음을 다독여주면서 진행한다. 시간이 조금 걸릴 때도 있지만 대부분 아이가 성공적인 훈육의 과정을 경험하게 된다.

그 과정에서 때로는 저항행동이 심하게 나타나는 경우도 있다. 그렇지만 그 어떤 경우에도 따뜻하고 단단하게 무엇이 중요한지 깨닫게 해주면 아이는 자기 입으로 앞으로 어떻게 행동할 것인지 말하고 진정하게 된다. 그렇게 마무리된 훈육 후에는 "고맙습니다"라고 말하고 "바뀌기로 깊게 마음먹었어요"라고 다짐하는 아이의 모습을 볼 수 있다.

"아이의 눈을 바라보며 따뜻하게 대화하는 시간이 하루 중 몇 분 정도인가?" 이 질문에 어떤 엄마가 30초라고 대답했다. 함께 있던 사람들이 모두 웃었다. 어처구니없다는 웃음이 아니라 공감하는 웃음이었다. 이렇게 제대로 눈 맞추고 대화하는 시간은 절대적으로 부족하면서 훈육할 때만 정면으로 무섭게 바라본다면 그 어떤 아이도 달라지고 싶은 마음이 들지 않을 것이다. 무서워서 복종할 수는 있겠지만.

사랑하는 아이의 눈을 따뜻하게 바라보고 천천히 부드럽게 말하면 아이는 엄마 아빠의 말을 듣고 싶은 마음이 든다. 잘 짐작이 되지 않는다면 역할을 바꾸어 생각해 보자. 나의 남편이, 나의 아내가 따뜻하게 나를 바라보며, 혹은 뒤에서 백허그 하며 한 가지만 달라지기를 부탁한다면 어떤 마음이 들까? 분명 그 마음을 받아주고 달라져야겠다는 다짐을 하게 될 것이다. 바로 그런 느낌으로 훈육해야 한다.

지금까지 훈육했는데도 우리 아이가 달라지지 않았다면, 이제 훈육을 새롭게 배울 때가 되었다. '따뜻하고 단단한 훈육'이 도움될 것이라고 확신한다. '따단훈육'으로 아이와 부모가 함께 행복한 성장을 이루길 진심으로 바란다.

2017년 5월

이임숙

차례

4장 내 아이를 위한 실전 따단훈육

5장 훈육이 성공했을 때, 실패했을 때

6장 훈육이 필요없는 훈육법

7장 특히 훈육하기 어려운 아이들

8장　성장 시기별 훈육법

1장

매번
훈육에 실패하는
이유

훈육 상처에 아이도, 부모도 아프다

상황A

Q 3살 딸이에요. 아이가 요즘 부쩍 "짜증 나! 아이씨!"라는 말을 자주 해요. 그런 말 하지 말라고 하면 감정 표출을 막는 것 같아서 "예쁜 말로 하자"라고 가르쳐주고 있어요. 예쁜 말을 알려주고 싶지만 뭐라고 말해야 할지 몰라서 제대로 가르쳐주지 못했어요. 이럴 때는 어떻게 가르쳐야 하나요?

Q 4살 아들이에요. "그럴 거면 그냥 하지 마! 그럼 간식 안 줄 거야. 놀이터 못 나가게 할 거야." 아이에게 자꾸 조건을 내걸게 됩니다. 다그치면 안 되는 줄 알지만, 그래도 이렇게 협박하면 말을 들으니 자꾸 하게 돼요. 이런 말이 언젠가는 아이에게 상처가 될 것 같아 걱정입니다. 제가 달라져야 할 것 같은데 어떻게 하면 좋을까요?

Q 5살 아들이에요. 3살 즈음 떼를 써서 엉덩이를 한 번 매섭게 때렸더니 그다음부터는 맴매한다고 하거나 시늉만 해도 말을 잘 듣는 편이에요. 그런데 아이가 제가 했던 말과 똑같은 말로 6개월 된 동생을 혼내는 모습을 보았어요. "너, 자꾸 울면 맴매한다!" 다행히 말로만 하고 때리지는 않지만 이러다 정말 동생을 때리기라도 할까 봐 걱정돼요. 큰아이를 어떻게 훈육하면 좋을까요?

상황B

Q 오늘 16개월밖에 안 된 아기를 때렸습니다. 제가 나쁜 엄마인 것 같아 마음이 너무 괴롭고 어떻게 해야 할지 모르겠어요. 제가 아이를 망치는 건 아닌지, 차라리 제가 안 키우고 다른 사람이 키워주면 더 잘 자랄 것 같은 생각마저 들어요. 괴로워서 견딜 수가 없어요.

Q 35개월 아들이 떼가 너무 심해서 훈육하려고 꼼짝 못하게 아이의 두 팔을 잡았더니 머리로 제 가슴을 들이박고 악을 쓰다 제 팔을 물고 침까지 뱉었어요. 내 아이가 어떻게 이럴 수 있나 충격입니다. 제가 어떻게 키웠는데요. 좋은 것만 먹이고 입히고 온종일 안고 물고 빨며 키웠는데, 어떻게 이럴 수 있어요? 제가 낳은 아이지만 괴물 같아요. 이런 말 하면 안 되지만 정말 정나미가 떨어져요. 애가 너무 밉고 싫어요. 저 이제 어떻게 해야 해요?

Q 5살 아이가 고집불통이에요. 참다 참다 엉덩이를 때리면 아이는 서럽게 울다 엄마 밉다고 소리쳐요. 그러면 저도 똑같이 "나도 너 미워!"라고 소리치고 엄마가 집을

나가버릴 거라고 겁을 주기도 합니다. 그러다 결국 같이 부둥켜안고 울기도 해요. 그렇게 지옥 같은 저녁을 보내고 울다 지쳐 잠든 아이를 보고 있으면 미칠 것 같아요. 선생님, 제발 저 좀 살려주세요.

고민의 종류를 두 가지로 나누어보았다. 심각성의 차이가 확연히 드러난다. A상황은 일상생활에서 아이가 말을 잘 안 들어서 고민하는 엄마들이다. 그런데 B상황은 좀 다르다. 이미 여러 번 훈육이 실패해서 이제 어떻게 해야 할지 모르겠다고 절박한 심정으로 호소한다. 언뜻 보면 비슷한 고민 같지만, 자세히 들여다보면 둘은 차원이 완전히 다르다.

A상황은 부모라면 누구나 하는 고민이고 아이가 커가는 과정에서 당연히 거치는 고민 수준이다. 성장 과정의 순간마다 꼭 필요한 훈육법에 대한 궁금증이다. 이 정도 고민이라면 아이의 마음을 잘 다독여주는 방법과 아이의 성격과 기질에 맞는 육아법, 그리고 효과적으로 훈육하는 방법을 가르쳐주면 된다. 실제로 한두 가지만 알려줘도 아이 행동이 정말 많이 달라졌다며 기뻐하는 부모의 모습을 볼 수 있다.

그런데 B상황은 정말 다르다. 이미 여러 번 훈육에 실패했다. 엄마도 아이도 상처투성이다. 새로운 방법을 알려줘도 시도할 힘이 없다. 엄마와 아이 사이에 원망과 분노가 있어 화가 나면 마음을 조절하지 못한다. 훈육을 시작하기만 하면 엄마도 아이도 폭발해버린다.

잘못된 훈육으로 아이만 상처받은 게 아니라 엄마가 받은 상처도 장난 아니다. 엄마의 훈육 방법에서 무엇이 문제인지, 어떻게 바꾸어야 하는지 말해줘도 훈육으로 인한 상처가 너무 깊어서 잘 받아들이지 못한다. 어쩌면 성인이기 때문에 엄마의 상처가 더 클 수도 있다. 자신의 행동이 아이에게 독이 되고 있다고 느낄 때 엄마는 상처받고 절망한다. 어디로 가야 할지 몰라 좌절하고 의욕을 상실한다. 아이를 잘 키우려고 한 일이 오히려 아이를 망친 건 아닌지 겁이 난다.

정리해서 말하자면 A상황은 의욕적인 엄마가 아이를 좀 더 잘 키우기 위해 "훈육은 어떻게 해야 하는 건가요?"라고 묻는 거라면, B상황은 지칠 대로 지친 엄마가 "훈육이고 뭐고 이제 더는 아무것도 못 하겠어요. 제발 저 좀 살려주세요!"라는 절박한 심정으로 하소연하는 수준이다.

우선 자신의 상황이 어느 수준인지 가늠해보자. A수준에 해당하는가, 아니면 B수준의 아픔을 겪고 있는가? 훈육을 처음 시행하려는 부모가 배우는 훈육과 이미 수차례 진행된 훈육으로 부모도 아이도 패잔병처럼 상처투성이인 경우에 시행할 훈육은 정도와 섬세함이 달라야 한다. 배우고자 하는 정도가 혹시 B수준이라면 우선 심호흡을 하고 천천히 마음을 가라앉히기 바란다. 지금 당장 훈육을 시작하기로 마음먹지 않아도 된다. 우선 마음을 추스르고 다독이며 먼저 이렇게 말해보기 바란다.

• • •

난 지금까지 최선을 다했어. 정말 열심히 아이를 키웠어. 많이 힘들었어. 잠시 쉬자. 그리고 천천히 생각해보자. 내가 사용한 방법이 과연 옳은 것일까? 아이가 문제인 것도, 내가 잘못한 것도 아니라 나와 우리 아이에게 맞지 않은 방법이었던 건 아닐까? 그렇다면 방향을 바꾸어야 할 때야. 이제 좀 다르게 해보자. 우리 아이에게 잘 맞는 방법이 분명히 있을 거야.

혹시라도 자신이 잘못한 건 아닌지 심한 죄책감이 들 수도 있다. 그래도 괜찮다. 바로 거기서 희망을 찾을 수 있다. 죄책감도 부모에게는 꼭 필요한 감정이다. 아이에게 미안하고, 너무 심했던 건 아닌지 반성하게 도와준다. 그런 나의 마음을 잘 살펴보자. 반성이 없던 날은 아이를 더 잡았다. 하지만 조금이라도 미안하고 죄책감이 든 날은 달랐다. 아이를 위해 무언가를 더 했다. 아이가 좋아하는 간식도 만들고, 한 번이라도 더 껴안아주고, 사랑하는 마음을 전했다. 그러니 혹시 아이에게 너무 많은 상처를 준 건 아닌지 괴롭기만 하다면 내 마음부터 추슬러보자. 아이 마음에만 다독임이 필요한 게 아니라 엄마의 마음에도 다독임이 필요하다.

잘못된 훈육은 양날의 칼 같아서 아이에게만 상처를 주는 것이 아니라 훈육을 휘두르는 엄마에게도 상처를 입힌다. 그래서 훈육 상처는 엄마와 아이 모두의 몫이다. 아빠도 마찬가지다. 아빠들은 보통 가만히 지켜보다 갑자기 욱해서 회초리를 들거나 체벌로 훈육하는 경우가 많다. 그러나 이제 사회문화적 맥락에서 체벌은 폭력임을 인지하기 시작한 아빠들도 체벌을 한 날이면 밤잠을 이루지 못하고 뒤척인다. 남자인 아빠가 상처받았다는 말이 왠지 부적합하게 느껴질 수 있지만, 잘못된 훈육으로 생긴 아빠의 상처도 만만치 않다. 일할 힘도 나지 않고 인생이 허무해지기도 한다. 그러니 이제 아무에게도 상처 주지 않는 훈육을 시작해야 한다.

그러기 위해 먼저 부모인 나 자신의 상처를 돌보아야 한다. 아이의 상처만큼 부모의 육아 상처, 훈육 상처도 돌보며 진행해야 한다. A와 B, 두 가지 수준의 훈육이 크게 다르지는 않지만 가장 두드러진 차이점은 B수준에 해당한다면 특히 엄마 아빠가 자신의 마음을 더 돌보며 진행해야 한다는 점이다.

이렇게 훈육 상처가 심한데도 다시 책을 들고 훈육을 배우겠다고 마음먹은 당신은 이미 충분히 좋은 부모다. 이 책을 끝까지 읽을 때쯤이면 아이의 행동도 하나둘 나아지고 있을 뿐 아니라, 부모도 마음의 여유가 생겨 아이의 예쁜 모습에 미소 짓는 시간이 더 많아질 거라고 확신한다.

부모도 아이도 여유롭고 편안해지는 훈육을 익히기 전에 지금까지 시도해온 훈육에 무슨 문제가 있었는지 알아보는 일이 우선이다. 대한민국의 엄마 아빠가 가장 빈번하게 사용하는 대표적인 방법은 무엇일까? 대부분 부모가 말하는 훈육은 "따끔하게 혼내준다"는 개념이었고, 그래서 시행하는 방법은 '엄격하고 단호하게'였다. 그런데 이상하게도 훈육에 실패해서 부작용이 생겼다고 호소하는 이유도 바로 '엄격하고 단호한' 훈육 태도였다. 그 방법으로 '무시하기, 벌 주기, 엉덩이 때리기' 그리고 '생각하는 의자'가 있다.

부모들이 가장 많이 사용하는 '단호하고 엄격한 훈육'과 '무시하기 훈육' 이 두 가지 훈육을 점검해서 왜 많은 부모가 실패했는지 알아보자. 그리고 그 방법이 성공하려면 어떻게 해야 하는지도 알아보자.

훈육은 단호하고 엄격하게 하는 거 아닌가요?

'훈육' 하면 떠오르는 장면은 무엇인가? 수많은 부모에게 자신이 알고 있는 훈육의 자세가 무엇인지 머리에 딱 떠오르는 장면을 말해보라고 했다. 가장 먼저 떠오른 방법이 가장 자주 사용하는 방법일 수 있기 때문이다.

그러면 90% 이상의 부모가 비슷한 장면을 떠올린다. 아이를 마주 보고(사실은 노려보며), 양팔을 붙들고(사실은 세게 움켜쥐고), 단호하게 잘못한 걸 말하는(사실은 윽박지르는) 방법을 말했다. 좀 더 공부한 엄마는 단호하게 아이를 양다리로 감싸고, 양팔을 붙잡고, 똑바로 보고 명확하게 잘못을 각인시키는 방법을 말했다. 곧이어 "하라는 대로 다 했는데 안 돼요", "아이가 더 심해졌어요"라고 말한다.

솔직히 개인적으로 '하라는 대로 다 했는데' 이 부분을 별로 믿지 않는다. 노력해도 안 돼서 힘들고 괴롭다는 마음에는 충분히 공감하지만 하라는 대로 했다는 말은 그대로 믿기 어렵다. 훈육에 실패한 부모들은 절대 하라는 대로 하지 않았다는 걸 알기 때문이다. 그렇지 않다고 말하고 싶은 사람도 있겠지만, 그동안 들어왔던 수만 건의 사연에서 이미 확인한 바이다. 왜 그런 현상이 생기는지도 충분히 알고 있다.

어떤 사람은 '꼭 하라는 대로 해야 해?'라는 의문이 들 수도 있겠다. 이 부분에서는 '일단'이라는 전제를 붙이고 싶다. 전문가라 칭하는 사람들은 아무래도 그 분야에 관해 일반인들보다 더 많이 공부하고 실전에서 연구하는 사람들이다. 그러니 문제를 해결할 정말 효과적인 방법을 찾아내고 확인하는 과정을 거친다. 일단은 전문가가 권하는 방법대로 진행하는 것이 가장 잘 배우고, 나와 우리 아이에게 적합한 방법을 찾아가는 최고의 지름길이다.

그런데 엄마도 아빠도 전문가들이 말하는 훈육 방법을 정확하게 지켜서 따라 하는 사람은 그리 많지 않다. 그 절차와 방법을 그대로 따라 한 부모들은 감사하고 기쁘게도 성공담을 들려준다. 그런 이야기를 들으면 너무 뿌듯하고 감사하다. 폭군처럼 굴어서 엄마 아빠를 절망에 빠뜨렸던 아이가 멋지고 예쁜 모습을 보여주는데 어찌 감탄하지 않을 수 있겠는가?

그렇다면 왜 부모는 전문가와 똑같이 했다고 착각하게 되는 걸까? 스스로 알지 못하는 함정이 있기 때문이다. 이제 한번 제대로 살펴보자. 수많은 부모가 훈육에 실패하는 원인을 분석해보자.

Q 32개월 민우 엄마입니다. 전 훈육에 성공한 줄 알았어요. 아이가 자주 저녁식사 시간에 TV를 보겠다며 떼쓰고 고함치고 드러누웠어요. 억지로 붙잡아서 식탁에 데

려오려 하면 저를 때리기까지 했어요. 이대론 안 되겠다 싶어 마음을 다잡고 TV에서 배운 대로 해봤습니다. 아이 다리는 움직이지 못하게 끼고 앉고, 두 팔을 아프지 않게 잡고 떼쓰는 아이와 한판 붙었습니다. 발버둥치는 아이를 붙들고 앉아 있으면서 이게 정말 맞는 건지 의심스러웠지만 전문가의 가르침이니 믿고 따라 했습니다. 울며불며 소리 지르고 눈물 콧물 범벅이 된 아이를 보며 정말 괴로웠어요. 그래도 끝까지 버텨야 한다는 생각으로 버텼습니다.

30분쯤 발악하던 아이가 조금씩 진정되더니 울음을 멈추었어요. 이제 그러지 않기로 약속하자고 하니 순순히 "네"라고 대답합니다. 그리고 아이가 고분고분 말을 잘 들었어요. 정말 신기했습니다. 그 후로도 같은 방법으로 몇 번을 더 성공했어요. 그런데 언젠가부터 아이가 안 하던 행동을 하기 시작했습니다. 제 눈치를 보는 게 느껴졌어요. 전엔 늘 밝고 당당한 모습이라 은근 뿌듯했는데 그런 모습이 점점 줄어들었어요. 놀다가도 제가 지나가면 힐끗 엄마 눈치를 보는 것 같아요.

한번은 같이 TV를 보다 제가 어깨가 뻐근해서 스트레칭을 하려고 팔을 드는데 아이가 움찔하고 놀라더니 울음을 터뜨렸어요. 왜 울었는지 물어보니 "엄마가 또 자기를 붙잡고 무섭게 할까 봐"라는 거예요. 전 분명히 성공적인 훈육이라 생각했는데 아니었어요. 그동안 정말 정성을 다해 사랑으로 키웠는데 훈육한답시고 아이에게 두려움을 심어준 것 같아요. 아이가 엄마 눈치를 보며 자라는 게 정상은 아니잖아요. 제가 아이를 사랑하는 만큼 아이도 저를 사랑하길 바래요. 우리 아이 다시 괜찮아질 수 있을까요?

민우 엄마가 얼마나 당황스러울지 이해가 된다. 사랑스럽기만 하던 아이에게서 이상행동이 나타나니 왜 그렇지 않겠는가? 이럴 땐 걱정되는 마음에 머물러 있으면 안 된다. 마음을 추스르고 무엇이 잘못되었는지 찬찬히 살펴보아야 한다.

민우 엄마는 하라는 대로 했는데 왜 실패했을까? 아이는 진짜 마음이 움직인 게 아니었다. 엄마의 힘에 어쩔 수 없이 굴복한 것뿐이었다. 진짜 잘못을 깨닫고 다음부터는 다르게 해야겠다고 마음을 먹은 게 아니라는 말이다.

훈육이 잘되면 아이도 엄마도 개운하고 안정되고 진심으로 행동이 달라진다. 어떤 아이는 진정되고 나서 "엄마, 고맙습니다"라고 말하기도 한다. 훈육 후에 아이의 행동에 문제가 생겼다는 것은 아이가 겁먹어서 잠시 말을 들었을 뿐이지 진짜로 마음에 긍정적인 변화가 일어난 것은 아니라는 뜻이다. 오히려 무섭게 훈육한 엄마와 심정적으로 멀어지고, 또 다른 정서적 문제가 생기기 시작했다는 의미가 된다.

그렇다면 이제부터 전문가의 지침에서 내가 빠뜨린 것은 무엇인지, 잘된 훈육을 하려면 무엇을 더 중요하게 챙겨야 하는지 살펴보자. 아이가 반듯하게 행동하기로 마음을 먹었다면 어떤 행동으로 나타나는지부터 알아야겠다.

엄격한 게 아니라 차갑고 냉정한 것이었다

민우 엄마가 시도한 방법으로 훈육에 성공한 사람은 생각보다 많지 않았다. 수천 명의 부모에게 물었지만 안타깝게도 성공했다는 사람은 10%가 채 되지 않았다. 수십 권 이상의 부모 교육서를 읽고 수백 시간 이상의 부모교육 강의를 들었음에도 또 무언가를 찾아 헤매고 있다면, 이제 자신이 알고 있는 방법을 살펴서 앞으로 어떻게 해야 할지 다시 알아보아야 한다.

전문가들이 말하는 대로 열심히 따라 했건만 문제행동만 더 심해졌다면 그 과정에서 부모가 무엇을 빠뜨렸거나 잘못한 것이 있는 것이다. TV를 보고 훈육을 배운 부모들은 제각각 무엇을 마음속에 남겼을까? 똑같은 장면을 보고 똑같은 이야기를 들어도 사람마다 기억하고 마음에 담는 건 다르다. 훈육법도 마찬가지였다. 어떤 부모들은 전문가의 강력한 훈육 방법과 더불어 전문가가 부모에게 주는 지침을 눈여겨보았다. 그래서 엄마가 아이를 대하는 법, 아빠가 아이와 놀아주는 법까지 함께 중요한 정보로 받아들였다.

또 다른 부모들은 엄마 아빠가 평소 아이를 대하는 법에 대해서는 별로 마음에 담지 않았다. 어쩌면 이미 알고 있는 것이기도 하고, 판에 박힌 소리 같았기 때문일 수 있다. 결국 아이와 즐겁게 놀아주고, 아이 마음을 알아주라는 말이니 그걸 누가 모르겠는가? 어쨌든 그 모든 중요한 정보들은 여러 가지 이유로 쏙 빼고, 아이를 붙들고 강력하게 씨름하는 그 장면만 머릿속에 담았다. '아! 훈육은 저렇게 하는구나.' 그러나 그렇게 따라 했음에도 TV에서처럼 멋진 변화는 일어나지 않았고, 얻은 것보다 잃은 게 많은 것 같은 느낌을 받았다.

다시 한 번 강조하지만, 전문가들이 제시하는 방법은 대부분 매우 효과적이다. 그런데도 많은 부모가 '나도 똑같이 했는데 우리 애는 문제만 더 심해졌어요!'라고 항변하는 가장 큰 원인은 아동심리 전문가들이 말하는 '단호하고 엄격하게'가 그 의미대로 진행되지 못했기 때문이다. 훈육의 자세만 똑같았지, 훈육하며 전달되는 가르침, 아이가 느끼는 감정과 마음에 남게 되는 내용은 전혀 달랐다.

어떤 점이 달라서 결과가 달라졌는지 살펴보자. 일단 아이를 잡는 자세부터가 다르다. 전문가의 방법을 잘 살펴보면 아이의 안전을 무척 중요시한다. 잡더라도 아프게 잡지 않는다. 아이가 발버둥칠 것에 대비해 움직이지 못하게 하지만 협박하거나 강제하는 건 아니다. 그리고 분명하게 '네가 진정으로 잘못을 인정하면 언제든 몸을 자유롭게 해줄 거야'라는 메시지를 전달한다. 절대 겁주는 게 아니다. 평정심을 유지하고, 안정된 목소리로 절대 하면 안 되는 것이 무엇인지 명확하게 알려준다.

그런데 실제로는 어떻게 진행되었는가? 훈육에 실패했다는 백여 명의 엄마와 나눈 대화를 통해 이 방법이 왜 실패하게 되는지 그 과정을 한번 살펴보자.

★★★
훈육은 어떻게 하는 건가요?

•••
눈을 맞추고.

★★★
부드럽게 맞추나요?

•••
아니요, 단호하게.

★★★
단호한 게 어떤 건가요?

•••

눈에 쌍심지를 켜고.(이렇게 말하며 모두들 웃는다.)

★★★

그리고?

•••

목소리를 깔고⋯⋯.

★★★

아, 낮추는 게 아니라 까는 거군요. 자세는?

•••

어깨를 잡아요. 두 손으로.

★★★

그다음엔?

•••

아이가 말을 안 들으면 꽉 잡아요.

★★★

그렇게 하면 아이는 어떻게 하나요?

•••

울거나 발버둥을 쳐요.

★★★

그럼 엄마는?

•••
아이 울음소리보다 더 크게 소리를 지르며 훈육해요.

★★★
그럼 아이는?

•••
이제 힘겨루기를 한 판 해야죠.

★★★
그럼 끝은?

•••
안아주고 끝나요.

★★★
아니, 잠깐! 중간에 빠진 게 있는 것 같아요. 갑자기 이렇게 극적으로 변할
수는 없잖아요? 중간에 어떻게 했길래 안아주고 끝날 수가 있나요?

•••
아이가 미안하다고 잘못했다고 말하면요.

★★★
그 행동은 이제 사라졌나요?

•••
아니요, 내일 또 더해요.

엄마들이 말하는 훈육은 이런 과정이었다. 아이가 "미안해요. 잘못했어요.

다시는 안 그럴게요"라는 굴복의 사인을 보내면 엄마는 이제 훈육을 멈추기 위해 다시는 그러지 않겠다는 다짐을 받고 다독다독 안아주고 마무리되었다. 그런데 다음 날이면 아이는 문제행동을 반복한다.

신기한 건 백여 명의 엄마가 모두 똑같이 말하고 있다는 점이다. 모두가 알고 있는 이 방법이 제발 성공적이길 바라지만 안타깝게도 이 대화를 살펴보면 훈육이 실패한 원인이 확연히 드러난다.

이제 아이의 입장에서 생각해보자. 이렇게 훈육하는 동안 아이는 어떤 기분일까? 아이가 깨닫게 되는 것은 무엇일까? 이렇게 힘든 상황을 벗어나기 위해 아이는 어떤 행동을 할까? 이 질문에 대한 희망적인 대답은 찾기 어렵다. 아이는 갑자기 몸을 압박하는 엄마가 무섭고, 벗어나고 싶고, 억울하고, 분한 마음이 있을 수 있다. 놀라고 당황해서 자신이 무엇을 잘못했는지 생각할 겨를도 없이 일단 상황을 벗어나기 위해 잘못했다고 굴복한다. 훈육하는 엄마의 목표는 확실했지만, 아이에게 준 영향은 전혀 다른 것이었다.

민우가 경험한 훈육이 정말 이런 것이라면 이제 뭔가 다르게 해야 할 때이다. 이렇게 힘들게 훈육해도 다음 날이면 또 비슷한 문제가 발생하고, 이런 훈육이 날마다 이어지니 엄마도 아이도 힘겨울 수밖에 없다. 부모는 '훈육'이라 말했지만, 아이에게는 '굴복'이었다.

강조하는데, 무섭게 협박하는 건 훈육이 아니다. 겁주며 냉정하게 아이 마음을 팽개치는 것도 훈육이 아니다. 정확하게 말하자면 정서적 학대이다.

"엄마, 제발! 엄마 무서워, 그러지 마세요. 다시는 안 그럴게요."

두려움에 떨며 공포에 질린 목소리로 아이가 이렇게 말했다면 그건 아이를 훈육한 것이 아니다. 지금까지 차갑고 냉정한 태도가 훈육이라고 생각했다면, 이제 잘못 생각했음을 인정하고 멈추어야 한다. 좋은 훈육은 다르다. 그런 자세를 취하지 않아도 훈육은 얼마든지 성공할 수 있다.

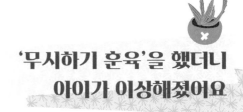

'무시하기 훈육'을 했더니
아이가 이상해졌어요

Q 이제 25개월인 지윤이는 말이 늘고 자기주장이 생기기 시작하니 고집을 부리기 시작했어요. 자기 뜻대로 안 되면 소리를 지르고 발을 동동거려요. 옆에 있는 물건을 집어 던지기도 해요. 누워서 뒹굴기 시작하면 저도 남편도 한계에 도달해요. 당연히 안 되는 건 안 된다고 말했고, 달래고 어르기도 했어요. 소리도 질러 봤고, 위협이나 협박도 사용했어요. 모두 그 순간만 효과가 있거나 어쩔 땐 그마저도 효과가 없었어요. 이도 저도 안 되니 이제 뭔가 새로운 방법을 시도해야겠다는 생각에 어디선가 들은 대로 '무시하기'를 해보았어요. 그런데 우연히 시도한 '무시하기'가 살짝 먹혀드는 느낌이 들었어요.

뒹구는 아이를 거실에 내버려두고 엄마 아빠가 안방으로 들어가버리니 아이가 놀라서 따라 들어오더라고요. 울면서 매달리길래 안아주며 이제 절대 그러면 안 된다고 했더니 아이가 울음을 멈추고 가르침을 받아들이는 것 같았어요. 그리고 이

삼일이 무사히 지나갔어요. 무시하기는 성공이었어요. 모처럼 지윤이에게 맞는 훈육법을 찾아낸 것 같아 너무 기뻤어요. 그래서 그 이후로도 무시하기를 종종 활용했어요.

아이가 울 때는 무조건 무시하고 하던 일만 계속했어요. 아무 말도 안 하고 참는 것이 힘들고 괴로웠지만 효과가 있으니 해볼 만했죠. 처음엔 달래서 멈추는 시간과 무시해서 진정되는 시간이 비슷했지만, 무시하기를 계속하자 아이의 우는 시간이 확실히 줄어들었어요. 울기 시작할 때마다 고개를 돌리거나 설거지를 하거나 청소를 하며 무시하자 아이는 울음을 멈추었어요.

그런데 그렇게 한두 달이 지나자 아이가 안 하던 행동을 하기 시작했어요. 제가 부르는데도 못 들은 척하기 시작했어요. 밥 먹자고 부르면 방글방글 웃으며 걸어오는 모습이 무척 사랑스러웠는데 무표정의 시간이 생겨나기 시작했어요. 아이를 무릎 위에 올려서 눈 맞춤하고 뽀뽀하며 행복한 시간을 가졌었는데 이젠 그렇게 앉혀도 아이가 엄마와 눈 맞추기를 거부해요. 엄마 좀 보라고 고개를 돌려 억지로 눈을 맞추려 해도 고개를 돌려요.

그렇게 사랑스럽던 아이의 표정이 달라질 수 있다는 사실이 너무 충격이에요. 분명히 전문가의 말대로 실수하지 않으려 정확하게 무시하기를 했는데 뭐가 문제였을까요? 역시 이론은 이론일 뿐 현실과는 맞지 않는 걸까요? 지윤이의 예쁜 미소를 되찾기 위해 안아서 어르고 달래보지만 이미 문제가 생긴 건지 잘되지 않아요. 이제 아이가 울면 저도 같이 울게 돼요.

지윤이에게 무시하기 기법은 처음엔 통하는 듯하다가 결국 실패로 끝났다.

심지어 전에 없던 문제까지 나타났다. 무시하기가 통하지 않은 이유는 무엇일까? 왜 이런 현상이 나타났는지 알기 위해 무시하기 기법이 무엇인지 제대로 알아보고, 지윤이 엄마는 무엇을 어떻게 다르게 했는지 차근차근 살펴보자.

부모들이 종종 사용하는 무시하기 기법은 행동수정 기법의 하나다. 원래는 '소거'라는 용어지만 이 용어가 일반적으로 사용하는 용어가 아니기 때문인지 언젠가부터 '무시하기'라는 말로 더 많이 쓰이고 있다. 사실 무시하기란 말은 엄밀하게 따지면 소거와 의미가 다르다. 언어가 달라지면 언어가 가진 의미 때문에 이해되는 정도도 달라진다. 이 두 말의 의미가 어떻게 다른지 알고 넘어가야 할 것 같다.

'소거'는 바람직하지 않은 행동에 대해 강화가 주어지지 않는 것을 의미한다. 잘못된 행동에 대해 강화를 주지 않으니 서서히 문제행동이 사라지게 된다. 이를 일반적으로 무시하기라는 용어로 사용하고 있다.

그런데 '강화를 주지 않는다'라고 했을 때의 느낌과 '무시하기'의 느낌이 너무 다르지 않은가? 강화를 주지 않는 부모의 태도는 어떤 것으로 상상이 되는가? 무시하는 부모의 태도는 어떤 정서적 느낌을 전달하는가? 왜 우리가 무시하기 방법을 사용했을 때 이론과 달리 실패하는 경우가 많은지 차이가 느껴진다. 강화를 주지 않는 부모의 태도는 감정에 휘둘리지 않고 아이의 거친 반응을 담담하게 지켜낼 수 있는 성숙한 태도를 의미한다. 하지만 무시하기를 사용한다고 생각하면 나도 모르게 매몰차고 차갑고 냉정한 느낌을 줄 수밖에 없다. 바로 이 지점이 실패의 원인이다.

떼쓰지도 않고 웃지도 않는 아이

소리 지르고 떼쓰는 아이를 멈추기 위해 부모는 많은 방법을 사용한다. 설명하며 달래보고, 그래도 안 되면 화내고 윽박지르고, 결국엔 엉덩이를 때리거나 벌을 준다. 그 방법도 안 통하면 조건을 걸고 허락하게 된다. 부모가 알고 있는 당근과 채찍 방법 모두를 사용한다. 그런데 벌을 주고 혼내는 방식조차 아이에게 관심을 주는 일이고, 그런 방식으로 관심을 받기 시작한 아이는 더더욱 떼를 쓰게 된다. 그래서 이 악순환의 고리를 끊으려면 관심 주는 행동을 멈추어야 하는데, 그게 바로 '무시하기'다.

많은 전문가가 이 방법을 권하고 있으며, 심지어 소리 지르는 아이 옆에서 엄마가 무시하고 친구와 전화통화를 하는 것도 좋다고 한다. 아이가 아무리 소리 질러도 아무것도 얻지 못한다는 것을 알게 된다는 점에서는 분명 효과적이다. 하지만 사람은 동물이 아니다. 그렇게 절규하는데 아무도 봐주지 않는다면? 엄마가 제발 와주기를 바라면서 우는데 한 번도 돌아봐 주지 않으면 아이는 무엇을 배우게 되겠는가? '아, 이렇게 울어봤자 소용이 없구나. 울지 말아야지'라고 생각할까, 아니면 '어떻게 한 번도 봐주질 않을 수 있지?'라는 원망이 들까?

이 방법으로 아이의 문제행동을 잠시 멈추게 할 수는 있지만, 부모와 아이의 관계가 좋아지는 경우는 보기 어렵다. 이런 경험이 있는 아이들은 싸늘하고 차가웠던 엄마 아빠가 절대 넘을 수 없는 벽처럼 느껴져 절망감이 컸다고 말한다. 아이들의 마음을 조금만 헤아려 보면 금방 알 수 있다. 있는 힘을 다해 나 좀 봐달라고 절규했는데 무시하기만 했다면 상처받은 아이에게 다른 문제행동이 생거나는 것은 어찌 보면 당연하다.

엄마와의 눈 맞춤을 거절하고 웃음이 줄어든 지윤이는 이제 겨우 28개월이다. 지윤이에게는 따뜻하게 아이 마음을 보살피며 습관을 바꿔주는 훈육법이 필요하다. 화를 내거나 혼내는 방법이 싫어서 무시하기를 했다면, 다른 방법이 없는 게 아니다. 아이 마음에 상처가 되는데 그 방법을 계속하는 건 옳지 않다.

'강화를 주지 않는' 방법을 활용하는 건 분명 효과가 있다. 그러나 이 방법이 냉정하게 무시하는 게 아니라는 것을 꼭 기억하기 바란다. 강화를 주지 않는 방법이 성공하려면 최소한 한 가지는 꼭 기억해야 한다. 바람직하지 않은 행동을 할 때 반응하지 않다가 아이가 조금이라도 바람직한 행동을 하면 곧바로 반응을 보여야 한다는 점이다.

누워서 뒹굴기 전에, 장난감을 집어 던지기 전에, 아이가 말로 표현하는 순간을 놓치지 않고 반응해주어야 한다. 울먹이거나 징징거리는 말투가 듣기 싫겠지만 그래도 정말 문제행동이 사라지길 바란다면 꼭 해주어야 하는 말이 있다. 바람직한 행동을 지지해주는 말이다.

•••

말해줘서 고마워.

말을 참 잘하는구나.

천천히 네가 원하는 걸 말해봐.

울고 싶은데 참고 말하는구나. 정말 잘했어.

28개월이면 이런 말 다 알아듣는다. 떼쓰기로 들어가려던 참에 엄마가 이렇게 말해주면 아이는 멈춘다. 아이의 요구를 들어주지 않으면서도 과격한 행동을 막는 효과적인 방법이다. '무시하기'는 '강화를 주지 않는 것'과 다르다는 것을 꼭 기억하기 바란다. 무엇에 강화를 주어야 하는지가 더 중요하다는 사실도 기억하기 바란다. 흔히 말하는 무시하기 기법이 성공할 수 있는 구체적인 방법은 5장에서 살펴보겠다.

훈육 타이밍을
잡기 어려워요

훈육은 언제 해야 효과적일까? 훈육에 대한 부모의 큰 고민 중 하나는 '훈육의 타이밍'이다. 문제를 일으켰을 때 해야 하는지, 지나고 나서 차근차근 타일러야 하는지, 아니면 여러 번 참았다가 한 번에 따끔하게 하는 것이 좋은지 판단하기 어렵다. 부모가 가장 많이 사용하는 훈육 타이밍은 아이가 떼쓸 때 바로 그때인 것 같다. 그래서 아이가 떼를 쓰며 땅바닥에 뒹굴어도 절대 지지 않고 버텨보겠다고 다짐해본다. 하지만 공공장소에서 소리 지르며 뒹구는 아이를 그대로 지켜보기란 현실적으로 어렵기만 하다.

또 부모들이 생각하는 좋은 타이밍이란 '아이가 잘못해도 엄마 아빠는 화나지 않았을 때'이다. 사실 이때가 훈육하기 좋은 타이밍인 것은 맞다. 부모가 감정적으로 흥분하지 않았다면, 아이가 잘못을 저질렀을 때 바로 성공적으로 훈육할 수 있다. 하지만 이마저도 잘 안 된다는 부모들이 대부분이다. 아이가 잘

못하면 화부터 치밀어 오르니 이성적으로 차분히 훈육하기란 쉽지 않다.

그러면 지나고 나서 훈육하는 건 어떤가? 이 또한 좋은 방법이다. 그런데 의외로 많은 부모가 이때 훈육하기를 어려워한다. 이미 상황이 지났는데 공연히 지난 일을 끄집어내어 긁어 부스럼 만드는 건 아닌지 걱정스럽다고 한다. 실제 상담에서도 상담이 안정적으로 진행되는 시기가 되면 아이의 지난 문제행동을 끌어내어 다시 다루어주는데, 어떤 부모는 아이가 잊었을 수도 있는데 공연히 끄집어내어 문제를 더 크게 만드는 건 아닌지 걱정하며 그런 대화를 하지 말아 달라고 당부하기도 한다.

좋은 상태가 유지되기를 바라는 마음은 충분히 이해된다. 하지만 지금 잠깐 평화롭게 느껴진다고 해서 아이가 온전히 잘 배운 것은 아닐 수 있다. 문제행동은 언제든 또 불거져 나타날 수 있다. 그러니 평화롭게 느껴지는 이 시간에 아이에게 깨달음과 가르침의 훈육을 하는 것은 꼭 필요한 일이다. 그러나 여전히 부모들은 평화로운 시간에 지난 문제행동을 끄집어내어 훈육을 시작하길 꺼린다.

이렇게 부모가 훈육의 타이밍을 잘 찾지 못하는 이유는 무엇일까? 혹시 무언가를 겁내거나 아니면 아이를 믿지 못해서인 건 아닐까? 지난 행동에서 무엇이 잘못되었는지 아이에게 차근차근 가르치고, 그 와중에도 잘한 것은 찾아내 칭찬하고, 앞으로 어떻게 하면 좋을지 이야기를 나누면 아이는 상처를 털어내고 새로운 행동으로 변화한다. 그런데 그 과정을 오히려 부모가 견디지 못한다. 아이도 좋은 사람이 되고 싶고, 능력 있는 사람이 되고 싶어 한다는 사실을 믿지 못하는 것은 아닐까?

부모들은 지금의 조용한 상태가 유지되기를 바라는 마음에 아이가 변화하고 성장하기 위해 꼭 필요한 과정을 이해하지 못하고 그냥 봉합해버리려는 태도를 보인다. 그러나 부모가 잘못을 정확히 짚어서 훈육해주면 아이는 오히려 심리적 안정을 얻는다. 한번 봐준다는 생각에 잘못에 대해 훈육하지 않고 넘어가면 아이는 오히려 불안해한다. 허용적인 부모에게서 자란 아이가 심리적으로 불안하고 사춘기가 되면 부모에게 나한테 해준 게 뭐냐며 원망과 분노를 터뜨리는 이유가 이 때문이다.

지금이 기다려야 할 때인지, 모른 척해야 할 때인지, 부드럽게 다가가야 할 때인지, 아니면 따끔하게 혼내야 할 타이밍인지 모르겠다는 부모가 너무 많다. 그래서 그때그때 화가 났을 때 훈육하게 되고, 그러면 아이를 쥐 잡듯 잡게 되니 너무 힘들다며 도대체 언제 훈육해야 하는지 묻는다. 훈육의 타이밍에 대한 개념이 형성되지 않는 부모는 잘못된 타이밍에 잘못된 방식으로 훈육하는 시행착오를 끊임없이 겪고 있다. 바람직한 훈육 방법에 관해 이야기하기 전에 훈육의 타이밍에 대한 답부터 찾아야겠다. 이제 언제 훈육해야 하는지 한번 생각해보자.

훈육의 타이밍은 크게 두 가지이다. '사건 발생 전'과 '사건 발생 상황'이다. '사건 발생 후'의 훈육은 사건 발생 전의 훈육에 포함해서 생각하는 것이 좋다. 지난 일은 바꾸지 못한다. 그러니 다음 사건이 발생하기 전이라는 개념으로 이해하는 것이 더 적합하다. 지금까지 훈육이 어려웠다면 언제 하는 훈육이 어려웠는지 생각해보자. 그리고 정말 훈육을 잘하고 싶다면 언제 하는 것이 더 효과적인 훈육이 될지도 생각해보자. 물론, 사건 전과 사건 발생 상황 모두 훈육이 필요하고 해야 한다. 하지만 부모인 내가 지금 할 수 있는 훈육, 좀 더 쉽게 성공할 수 있는 훈육 타이밍은 언제인지 생각해보자는 것이다.

훈육에 미숙한 부모는 여기저기서 배운 대로 실천해보았지만 성공하지 못했다. 이유는 분명하다. 사건이 터진 상황에서 아이도 부모도 화가 나거나 정서 상태가 편치 않을 때 진행되었기 때문이다. 그러니 진심으로 훈육에 성공하고 싶다면 사건 발생 전에 먼저 훈육할 줄 알아야 한다.

지금 대한민국의 부모와 아이는 훈육 상처로 가득하다. 그렇다면 이제부터 새롭게 해야 할 훈육은 실패 가능성이 높은 사건 발생 상황의 훈육이 아니라 사건 발생 전의 훈육이다. 훈육의 본뜻인 '가르침'에 충실한 훈육을 실천해야 한다. 간단한 사례를 먼저 보자.

아이가 공공장소에서 징징거릴 때

Q 전 도서관육아를 하고 싶은 엄마예요. 그래서 4살 아들과 종종 도서관에 갑니다. 어린이실에서 많은 아이가 엄마 아빠와 책을 읽고 있어요. 그 모습이 너무 보기 좋고 저도 아이와 그런 시간을 갖고 싶어요. 하지만 도서관에 갈 때마다 아이에게 앉아서 제대로 책을 읽어주기가 힘들어요. 처음에는 도서관 여기저기를 돌아다니고 이제 책 좀 읽어주려고 하면 나가자고 징징거려요. 도서관이라 큰 소리를 낼 수도 없고, 징징거리는 아이를 계속 붙잡고 있을 수도 없어 그냥 나오게 됩니다. 아이가 정말 뭐든지 자기 뜻대로만 하려고 하네요. 다른 아이들처럼 도서관에 앉아서 즐겁게 책을 읽게 하려면 어떻게 해야 하나요? 좀 더 크면 나아지는 건가요?

엄마는 평소 도서관에서의 아이 행동이 걱정된다. 그렇다면 오늘 도서관에 갈 때 '우리 아이가 또 그러면 어떡하지?'라는 걱정을 안고 그냥 가면 안 된다. 도서관에서의 행동에 대해 아이에게 먼저 '가르쳐야겠다'고 마음먹는 게 우선이다. 물론 가르침의 방식은 일방적인 설명과 충고가 아니다. 다음의 단계를 밟아야 한다.

① 도서관에서 책 읽을 때 어려움이 무엇인지 질문하고 공감해주기
② 아이가 원하는 방식을 하고 그중에서 가능한 것을 약속하기
③ 도서관에 가서 약속 지키기가 어려울 때 할 수 있는 대안 제시하기

이 방법이 문제행동을 예방하는 훈육이고, 성공하는 훈육이다. 엄마와의 약속을 잘 지킨 아이는 성취감을 느끼고 다음에도 좋은 행동을 선택할 수 있게 된다. 이렇게 미리 예방하는 훈육을 하면 성공확률이 매우 높다.

마트에만 가면 정신없이 뛰어다니는 아이에게도 마트에 가기 전에 방법을 생각해서 미리 아이와 약속하는 훈육이 필요하다. 물론 이 방법으로 성공하지 못할 때도 있다. 그런 경우조차도 잘 살펴보면 문제행동을 하는 정도가 순화되었음을 알 수 있다.

중요한 건 미리 예방하는 훈육이 대처하는 훈육보다 몇 배 더 쉬운 방법이고, 성공확률이 몇 배 더 높은 방법이라는 점이다. 물론 부모들이 사건 발생 상황에서의 훈육을 잘하고 싶어 하는 마음이 강하다는 것을 잘 알고 있다. 순서대로 차근차근 알아보자. 문제가 발생했을 때 대처하는 훈육은 훈육에 관해 좀 더 알

아가면서 차츰 깊이 있게 이야기하려 한다.

어떤 엄마가 질문한다. 아이가 어제 동생을 때렸는데 마침 손님이 와서 제대로 훈육하지 못하고 지나쳤다. 어제 일을 다시 꺼내 훈육하는 게 옳을까요, 아니면 이번에는 봐주고 다음에 어떻게 하는지 봐서 혼내는 게 나을까요?

참으면서 봐주는 건 좋지 않다. 엄마는 벼르고 있지만, 아이는 뭐가 문제인지 모른 채 넘어가기 때문이다. 아이들은 자신의 행동에 화를 내는 엄마를 보며 이렇게 말한다. "왜 화내는지 모르겠어요." 속 터지는 말이지만, 아이들은 아직 상황을 이해할 만큼 성장한 것이 아니니 제대로 가르치지 않고 화를 내는 건 옳지 않다. 지난 일을 꺼내어 차근차근 훈육하려면 그야말로 언제 훈육할지 미리 계획하는 것이 필요하다.

엄마는 화가 났을 때라도 최소한 훈육을 지금 할지 말지 결정할 수 있을 정도의 정신은 챙길 수 있어야 한다. 뚜껑 열린 채, "너 두고 봐!"라든지, "오늘 뜨거운 맛 좀 봐야 해!"라든지, "한번 제대로 혼나볼래?"라는 심정이라면 절대 올바른 훈육이 될 수 없다. 이미 여러 번 실수한 행동에 대한 훈육도 예방훈육으로 하는 것이 적합하다. 지난 잘못을 훈육하는 목적은 다음엔 바르게 행동하는 것이기 때문이다. 지나간 문제행동을 다시 하지 않도록 도와주는 것과 아직 일어나지 않은 문제행동을 예방하는 것이 모두 예방훈육에 속한다.

2장

제대로 된
훈육이란
무엇일까?

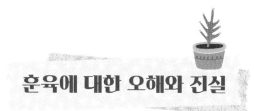

훈육에 대한 오해와 진실

지금 젊은 부모들이 어릴 적에 받은 훈육은 어떤 것이었나? 우리가 알던 훈육은 때리기나 혼내기, 욕하기 등이었다. 사소한 잘못을 할 때마다 등짝을 맞아 매운 손맛에 눈물도 나고, 가슴을 후벼 파는 독한 말씀에 마음이 아프기도 했다. 그런데 지금 와서 생각하면 이상하게도 돌아서면 잘 잊어버렸다. 맞아서 아팠고 거친 말씀에 속도 상했는데 왜 마음의 상처로 남지 않고 쉽게 잊었을까? 지금보다 더 엄격하고 무서운 훈육을 받았지만, 아침에 혼나면 저녁에 잊어버리는 현상이 나타난 이유는 무엇일까?

이 얘기를 하는 것은 예전처럼 지금도 때려도 된다는 말은 절대 아니다. 예전 부모님들이 종종 사용하셨던 '망할 놈의 자식'이라는 거친 말이나 상처 주는 말을 사용해도 된다는 것도 아니다. 다만, 그렇게 거친 훈육으로도 우리를 잘 키워낸 부모님들의 비결이 궁금해진다. 혹시 그 속에 뭔가 우리가 배우고 소중히 지켜갈 것이 있지는 않을까?

　요즘은 예전처럼 쉽게 손찌검을 하거나 아이에게 말을 함부로 하는 부모는 많지 않다. 지금 세대의 부모들은 자신이 받은 훈육방법이 너무 싫었기 때문에 쉽게 그 훈육법을 버릴 수 있었는지도 모른다. 하지만 부모가 받은 훈육의 잔상은 여전히 지워지지 않고 있다. 젊은 부모들이 훈육에 대해 갖는 궁금증들을 살펴보면 쉽게 알 수 있다.

●●●

훈육하려면 체벌이 필요하지 않나요?

전 체벌에 반대하지만 때려야 한다는 남편을 말리기가 어려워요.

아무리 말해도 듣지 않을 때 때리겠다고 말하는 건 괜찮을까요?

잘못 훈육해서 아이의 자존감이 떨어지면 어떡하나요?

너무 강하게 훈육하면 트라우마가 남지 않을까요?

훈육해서 말을 잘 듣게 되면 창의성이나 자율성이 떨어지지는 않나요?

　당신은 어떤 점이 걱정되는가? 질문들을 모아놓고 들여다보면 한 가지 공통점이 보인다. 지금 이런 의문과 걱정이 드는 훈육은 어떤 훈육을 말하는 걸까? 이 질문들을 자세히 살펴보면 훈육에 대한 전제조건으로 특정한 패턴이 있음을 알 수 있다. 무섭게, 단호하게, 아주 따끔하게 아이를 혼낸다는 의미가 깔려 있다. 결국 과거 부모의 훈육법과 크게 다르지 않다 보니 훈육을 어떻게 해야할지 끊임없이 고민하게 되고, 하고 나서도 아이에게 나쁜 영향을 주지 않을지 고민하게 되는 것이다.

이제 다시 우리가 받아온 훈육에 대해 분석해보고, 무엇을 살리고 무엇을 버려야 할지 생각해보자. 먼저 우리가 부모에게 훈육받았을 때의 한 장면을 떠올려보자. 부모는 아이를 꿇어 앉혀놓고, "네가 무엇을 잘못했는지 알겠지?" 이런 질문을 던진다. 그런 다음 아이가 울먹이며 자신의 잘못을 인정하면 부모는 무엇을 잘못했는지 물어보거나 훈계를 한다. 그다음 아이가 자신의 잘못을 수긍하면 마지막 질문을 한다. "몇 대 맞을래? 3대? 5대?" 너무 적게 말하면 "이 녀석이 아직도 정신을 못 차렸어?" 호통을 치고, 너무 많이 부르면 "이번만 특별히 봐주겠다"고 말하며 적당히 매를 때린다.

정말 아프게 맞아서 종아리에 피멍이 들 때도 있었다. 그런데 원망은 남지 않는 경우가 더 많았다. 맞았는데 상처가 남지 않다니 신기하다. 왜 이런 일이 가능했을까? 마치 이런 이야기를 하면 체벌에 대한 향수를 불러일으키는 것 같지만 절대 그건 아니다. 체벌을 당했는데도 아이가 원망하지 않을 수 있는 이유가 있었다는 말을 하는 것이다.

성공적인 훈육은 아이가 원망하거나 무서워하지 않고 상처도 남기지 않는다. 오히려 부모님의 깊은 사랑을 전한다. 그래서 우리는 피멍 든 종아리에 약을 발라주시는 부모님을 보며 미안함과 감사함으로 깊이 반성했었다.

여전히 어린아이를 키우는 부모들에게 훈육은 뜨거운 감자 같다. 훈육을 잘하고 싶지만, 훈육을 하기가 겁난다. 체벌에 대한 강한 신념을 버리기 어려운 경우도 있고, 때리면 안 된다는 건 알지만 다른 방법을 몰라 답답하기도 하다. 훈육에 성공해본 적 없는 부모는 아이의 마음에 악영향을 미칠까 걱정하기도 한다.

하지만 그렇게 거친 훈육을 받았을 때조차 우리는 부모님에 대한 감사와 존경 그리고 깨달음으로 한걸음 성장했었다는 것을 기억해보면 아이를 훈육하는 것에 대해 그렇게 겁낼 필요가 없다는 것을 알게 된다. 그리고 훈육할 때 진짜 중요한 것이 무엇인지 알게 되면 체벌이나 무서운 말 없이도 아이를 잘 훈육할 수 있다는 것도 알 수 있다.

이제 다시 생각해보자. 아이를 훈육할 때 따뜻하고 단단한 마음이 있었는지 점검해보자. 다시 한 번 강조하지만 무섭고 단호하고 엄격하기만 한 꾸중은 훈육이 아니다. 진정한 훈육이란 따뜻하게 마음을 보살피며, 단단하게 가르치며, 아이가 진심으로 깨달을 수 있도록 도와주는 것이다.

아이의 마음을
읽지 못하는 부모들

Q 4살 아들이에요. 잘 놀다가도 갑자기 짜증 내고 신경질 내고 결국 화를 터뜨립니다. 도대체 아이 속을 모르겠어요. 블록을 쌓다 무너지면 성질 내고, 퍼즐은 제대로 보지도 않고 던져버리고, 로봇 자동차는 변신이 잘 안 된다며 마구 휘두르다 부러뜨리고, 우유 잔을 들고 옮기다 한두 방울 흘렸는데 그 자리에서 울상이 되더니 우유를 다 쏟아버린 적도 있어요.

주변 사람들에게 의논하니 전부 상담을 받으라고 하네요. 그래도 계속 달래고 설득해서 조금은 나아지고 있긴 해요. 어떻게 하면 우리 아이가 좋아질까요? 그리고 도대체 우리 아이는 왜 이러는 걸까요? 제가 혼을 내긴 하지만 다른 엄마처럼 많이 혼내는 편도 아니에요. 아이 성격이 원래 그런 걸까요?

효과적인 훈육 방법을 찾기 위해 먼저 아이 마음속으로 들어가 보자. 아무리 말해도 듣지 않는 아이 마음속에는 도대체 무슨 문제가 있는 걸까? 어떤 식으로 느끼고 생각하길래 어르고 달래고 혼내고 윽박질러도 달라지지 않는 걸까? 아무리 좋은 훈육 방법이라도 우리 아이에게 맞지 않으면 무용지물이 되어버리는 게 현실이라면 먼저 아이 마음을 이해해볼 필요가 있다.

엄마는 두 가지가 궁금하다.

첫째, 아이는 왜 소리 지르고 물건을 던지게 되었을까?
둘째, 왜 이런 행동을 반복할까?

우선 엄마의 말 중에 '잘 놀다가'라는 말에 집중해보자. 잘 놀던 아이가 갑자기 짜증내고 장난감을 집어 던진다. 첫 번째 질문에 대한 답을 찾기 위해서는 엄마가 아이가 '잘 놀 때' 어떻게 행동했는지를 살펴봐야 한다.

대부분의 부모는 아이가 잘 놀면 그 시간이 아까워 다른 일에 시간을 쏟게 된다. 아이를 키우는 일은 참 쉽지가 않다. 잠시 휴식을 취하거나 여유를 부릴 틈이 없다. 그러니 아이가 잘 놀고 있으면 밀린 집안일을 하느라 바쁘거나 잠시 커피라도 마시며 한숨 돌리게 된다. 그러다 보니 잘 노는 아이에게 관심을 보이는 일은 거의 하지 않는다. 그런데 잘 놀던 아이가 짜증을 내고 문제행동을 한다. 그런 행동을 하면 엄마가 관심을 준다는 것을 알기 때문이다. 왜 잘 놀던 아이가 갑자기 문제행동을 하는지 그 이유를 이제 알 것이다. 문제는 이런 상황을 엄마 스스로 자각하기가 어렵다는 것이다.

사랑하는 아이를 위해 늘 온 힘을 다하는데 왜 아이의 문제행동은 자꾸 늘어나는지 답답하다면 아이가 편안히 예쁘게 잘 있을 때 엄마가 무엇을 하는지 점검해보면 쉽게 답을 찾을 수 있다. 훈육에 종종 실패하거나 아이의 문제행동에 대처하기 어려운 부모일수록 자신이 어떻게 행동하는지 잘 모르는 경향이 있다.

장난감으로 잘 놀고 있는 아이를 관찰해보면 아이는 종종 엄마를 바라본다. 그런데 엄마는 굳이 잘 노는 아이에게 특별히 관심을 두지 않는다. 아이가 엄마를 불러도 목소리에 별문제가 없다면 엄마는 건성으로 대답하며 아이가 바라는 관심을 주지 않는다. "잠깐만, 엄마 이거마저 하고 갈게"라고만 말한다. 바로 그때 딱 10초만 시간 내서 아이와 눈을 마주치거나, "재미있게 잘 노네. 엄마 필요하면 불러"라고 말해주어도 아이는 시간을 더 잘 보낼 수 있다.

그런데 열심히 잘 놀아도 안 봐주고, 불러도 안 봐주면 아이는 이제 다른 작전을 쓰게 된다. 아이는 징징거리거나 짜증을 내면 엄마가 즉각적으로 반응한다는 사실을 알고 있다. 그러니 짜증을 안 내는 게 더 이상하지 않겠는가? 엄마는 틀림없이 아이가 짜증을 내기 시작하면 3초 이내에 아이에게 눈길을 주거나 다가간다. 어떻게 해야 엄마가 자신을 돌아보는지 배우게 된 아이는 이제 엄마를 부르는 신호로 그 문제행동을 반복적으로 사용하게 된다.

두 번째 질문에 대한 답은 '아이의 문제행동에는 2차적 이득이 있다'는 것이다. 소리 지르고 울면 아이도 무척 힘들다. 그런데도 아이가 이 행동을 반복하는 건 그 행동으로 원하는 걸 얻게 되기 때문이다. 울고 떼쓰면 우선 엄마의 눈길과 관심을 고스란히 받게 된다. 엄마에게 잔소리 듣고 혼나는 건 힘들지만 그러고 나면 원하던 장난감이나 음식을 얻게 되고 무엇보다 엄마를 옆에 붙들어

놓을 수 있다는 이득이 있다. 부모들은 아이가 잘 있을 땐 절대 허용하지 않던 행동을 울고 떼쓰면 어쩔 수 없이 허용하게 되는 경우가 많다. 그러니 아이는 원하는 것을 얻는 방법이 무엇인지 알게 된다.

이런 이해를 바탕으로 다시 4살 아이의 마음을 살펴보자. 아이의 문제행동은 뭔가를 하다가 잘 안 되면 신경질 내며 던지는 것이다. 엄마가 수없이 설득했다니 그 장면이 훤히 보이는 것 같다. 엄마도 아이도 얼마나 힘들까? 그렇다면 이 경우 엄마는 어떻게 해야 할까? 아이가 로봇 조립을 시작하고 30초나 1분 정도가 되었을 때, 블록을 잘 쌓고 있는 중간쯤, 스티커를 떼려고 낑낑대며 노력하고 있을 때, 퍼즐이 잘 안 맞는다며 혼자 투덜거리기 시작할 때를 놓치지 말고 엄마가 관심을 보여주어야 한다. 바로 그 순간에 지지하고 격려해주면 문제행동은 확연히 줄어든다.

• • •

정말 열심히 하는구나. 잘 안 되면 화날 텐데 잘 참고 하는구나. 포기하지 않고 끝까지 하네. 멋지다. 아자 아자!

이 정도 반응이면 충분하다. 달래느라 투자하는 시간과 노력의 1/10 정도로도 충분히 효과가 있다. 혹시 아이에게 진짜 어려운 과제였다면 다음에 또 시도하도록 격려하고 충분히 칭찬해주면 된다.

어떤 말을 해야 할지 모르겠다면 아이가 마음으로 하는 말을 귀 기울여 들어야 한다. 우리 아이들이 하는 마음속 말들을 정리해보았다.

· · · ·

엄마 아빠의 관심과 사랑이 정말 좋아요.

내가 잘하고 있는데 관심을 주지 않으면 심술이 나요.

나쁜 행동인 줄 알지만 나도 모르게 자꾸 하게 돼요.

엄마가 혼내는 건 싫지만, 짜증을 많이 내면 그래도 결국 제 말을 들어주잖
아요.

이렇게 심술부리는 건 나도 싫지만, 다른 방법이 없잖아요?

엄마가 세게 하면, 난 더 세게 할 수 있어요.

그래도 이렇게 짜증 내고 혼나는 내가 싫어요.

혹시 좋게 할 수 있는 방법이 있다면 저도 배우고 싶어요.

이런 아이의 마음을 들을 줄 모르는 부모는 이상한 행동을 한다. 아이의 문
제행동이 예상되지만 아무 조처를 하지 않다가 꼭 행동이 나타나고 나서야 '이
제 내가 나설 때구나' 하고 출두하는 것이다.

거창하게 등장해서 한판 '기 싸움'을 하고, 혼낼 거 혼내고, 그래서 진짜 문제
가 해결된다면 계속 이런 방법을 사용하기 바란다. 하지만 악순환만 계속된다고
느낀다면 바꾸어야 한다. 사건 발생 전에 개입해서 아이에게 공감하고, 아이가
잘하고 있음을 깨닫게 도와주어야 한다. 안 되는 건 안 된다는 단단한 한계도 알
려주어야 한다. 문제행동이 예견되는 경우라면, 아이가 뭔가를 하고 있는 중간
에 지지하고 격려해주기 바란다. 이 방법은 정말 효과적이다. 이렇게만 한다면
TV에 나오는 멋지고 행복한 엄마와 아이 모습이 바로 나의 모습이 될 수 있다.

제대로 된 훈육을
받고 싶은 아이들

이제 훈육에 대한 새로운 그림이 필요하다. 훈육을 떠올렸을 때 엄마와 아이, 아빠와 아이의 모습은 어떤 모습이어야 할까? 아이의 두 손을 잡되 억압적인 손짓이 아니어야 하고, 말을 하지만 윽박지르는 것이 아니라 아이 귀에 쏙쏙 박히는 진정한 가르침의 언어여야 한다. 단호하긴 하지만 겁주는 게 아니어야하고, 눈물을 흘리지만 그건 감사와 반성의 눈물이어야 한다. 어쩌면 부모가 훈육을 어렵게 느끼는 이유는 이런 그림이 마음속에 없기 때문일 수 있다.

상담에서 성공적인 훈육은 꼭 이런 과정을 거친다. 앞으로 훈육을 시행할 부모라면 이제 새로운 훈육의 모습을 그려보자. 초등학교 3학년인 준서의 훈육 과정을 보면서 바람직한 훈육의 모습은 어떠해야 하는지 한번 정리해보자.

상담 과정에서도 훈육을 진행해야 할 때가 있다. 초기엔 공감과 다독임만으로도 아이의 문제행동이 줄고, 새로 찾은 즐거움과 자신에 대한 이해를 바탕으로 아이들은 밝고 당당하게 변해간다. 하지만 어느 순간 다시 문제행동이 반복되고 억지를 쓰거나 이유 없이 반항하는 시기를 거친다. 좋아지다 퇴보하다 다시 좋아지기를 반복할 즈음이 되면, 이제 아이에게 제대로 된 훈육이 필요한 시점이라는 걸 알게 된다.

친구들에게 왕따를 심하게 당한 준서는 전학을 왔다. 다행히 새로 만난 친구들은 준서에게 친절했고 함께 놀자고 제안해주었다. 하지만 준서는 그 친절을 제대로 받아들이지 못했다. 공연히 친구에게 성질을 부리거나, 가만히 있는 친구에게 다가가 툭 건드리거나, 이야기 도중에 끼어들어 자기 말만 하기도 했다. 친구가 책을 읽고 있으면 그 책을 빼앗아 자기가 보겠다고 하다가 다시 팽개치기도 했다. 교실에서도 가만히 앉아 있지 않고 돌아다녀서 선생님이 주의를 주면 한 번에 말을 듣는 법이 없었다. 예전의 상처가 준서를 더 산만하고 불안하게 만들었음이 틀림없었다. 그런 준서가 힘이 들어 만난 지 한 달 만에 선생님도 친구들도 모두 준서에게 지치는 중이었다.

준서는 원래 조금 산만하긴 하지만 웃는 모습이 귀엽고 붙임성이 좋은 아이였다. 하지만 왕따 경험으로 사람에 대한 불신이 생기면서 친구들을 믿지 않게 되었다. 사이 좋게 놀다가도 한순간 자신을 따돌리거나 공격할 거라 생각했다. 그게 두려워 친구들보다 먼저 친구들을 공격했다. 피해자였던 아이가 가해자로 바뀌어가는 모습을 준서는 그대로 보여주었다.

이제 준서가 친구를 공격하는 일을 멈추게 해야 했다. 예전 친구가 나빴던 것이지 모든 사람이 그렇지 않다는 것도 깨달아야 했다. 몇 번의 상담에서 이야기를 나누었지만 준서는 쉽게 받아들이지 않고 계속 저항했다. 이럴 때가 바로 제대로 된 훈육이 필요한 때이다. 마음먹고 훈육 상담을 시작하기로 했다. 매트 위에 앉아서 장난감을 꺼내 이것저것을 만지는 준서에게 말을 걸었다.

***

준서야. 선생님이 할 이야기가 있어. 바로 앉아봐.

...

싫어요.(등 돌린 준서를 돌려 앉게 해서 두 손을 부드럽게 잡고 천천히 따뜻한 목소리로 대화를 시작한다.)

***

친구들이 너를 괴롭힌 건 나쁜 행동이었어. 그건 나쁜 거야. 너에게 무조건 잘못한 거야.

...

걔들은 왜 그런 거예요?

***

그 아이들도 마음의 상처가 많은 거겠지. 그러니 다른 친구를 괴롭히는 잘못된 행동을 하는 거지.

...

잘못된 행동이 뭐예요?

***

친구를 배려하지 않는 것, 친구가 싫다고 해도 듣지 않고 괴롭히는 것.

...

애들은 원래 전부 다 그래요.

***

아니, 그렇지 않아. 지금 친구들은 너에게 그러지 않았어. 오히려 네가 친구와 선생님을 괴롭히고 있어. 규칙도 안 지키고, 네가 먼저 친구들의 활동을 방해하잖아.

• • •

애들이 그러려고 하니까 내가 먼저 한 거예요.

***

아니, 넌 지금 친구들이 너에게 그러지 않았다는 걸 알아. 그냥 그 친구들이 예전 친구들처럼 너를 괴롭힐까 봐 겁이 나서 네가 먼저 공격하는 거잖아.

• • •

…….

***

이제 친구들을 믿어야 해. 친구들에게 예의와 규칙을 안 지키는 건 나쁜 행동이야. 넌 지금부터 다르게 행동하겠다고 결심을 해야 해.(준서는 듣고 싶지 않다며 귀를 막고 이상한 노랫소리를 낸다.)

***

준서야, 멈춰. 소리 내지 마. 하면 안 돼.

• • •

선생님과 이야기하기 싫어요. 무슨 말을 해도 전 안 변할 거예요.

훈육을 시작하면 아이는 저항도 하고 거부도 하고 떼쓰기도 하고 빈정거리기도 한다. 온갖 형태로 자신은 달라지지 않을 것임을 표현한다. 하지만 절대 그렇게 하면 안 된다는 것을 알려줘야 한다. 준서가 계속 딴짓하며 거부하자 두 손을 잡고 잘 듣도록 제재를 가했다. 엉뚱한 소리를 계속하기에 딴소리하지 말라는 말도 했다. 준서에게 말하는 목소리는 낮았고, 조용했고, 친절했다. 준서는 처음 경험하는 단단한 권위에 놀랐는지 갑자기 그만하라며 울음을 터뜨렸다.

우는 준서를 뒤에서 감싸고 다독이며 위로해주었다. 얼마나 속상하고 외로웠을지, 얼마나 힘들었을지 그 마음을 충분히 안다는 말로 공감하고 위로해주었다. 지금 친구들은 예전의 그 아이들이 아니라는 사실과 지금 친구들은 준서와 잘 지내고 싶어 함을 말해주었다. 그렇게 30분 정도 아이를 안고 도닥이며 이제는 달라져야 함을 단단하게 가르쳐주었다.

중간중간 나타나는 준서의 빈정거리는 태도나 무례한 행동은 허용해주지 않았다. 자신의 잘못을 인정하는 말을 하도록 했고, 앞으로 예의와 규칙을 지키겠다는 약속을 해야 이 시간이 끝난다고 알려주었다.

"예의와 규칙을 지키겠습니다"라는 말을 소리 내어 말하도록 했다. 한참 동안 싫다고 저항해서 시간이 걸리긴 했지만 준서는 결국 예의와 규칙을 지키겠다는 다짐을 자기 입으로 말하게 되었다. 자기 입으로 자기 행동을 약속하는 건 매우 의미 있는 일이다. 좀 더 강하게 각인하기 위해 자리를 정돈하고 몸가짐을 정리한 뒤, 마치 무대 위에서 엄숙한 의식을 치르듯이 반듯한 자세로 서서 아이에게 자신의 약속을 열 번 외치게 했다.

이렇게 열 번을 외치는 데는 이유가 있다. 자신의 다짐을 말로 하는 건 누구나 하는 일이다. 하지만 그 다짐을 자신의 귀로 듣고, 마음으로 받아들이는 과정이 필요하다. 마음에서 나온 소리지만 다시 그 소리가 귀를 통해 마음으로 전달되는 과정이 필요한데, 두세 번은 별로 효과가 없었다.

그런데 열 번을 외치자 뭔가 심장이 반응하는 느낌을 경험하게 되었다. 다섯 번을 넘어가면 저도 모르게 울컥한 마음이 들고 뭔가 속에서 뜨거운 것이 올라온다. 나 자신이 무엇을 간절하게 원했는지 그제야 그 모습이 정체를 드러내는 느낌이다. 그래서 열 번을 외치면 자신도 모르게 변화하는 경험을 하게 된다. 궁금하거나 의문스러우면 꼭 자신의 다짐을 열 번 큰 소리로 외쳐보기 바란다.

준서는 처음엔 작은 목소리로 시작해서 점점 큰 목소리로 외쳤다. 그런데 세 번쯤 외쳤을 때 아이가 질문한다.

• • •

그래도 이건 선생님이 시켜서 하는 거잖아요. 제가 진짜로 원해서 한 게 아니니까 달라지지 않잖아요.

아이가 말하는 의미를 잘 생각해보면, 아이는 억지로 시켰으니 달라지지 않겠다고 어깃장을 놓는 것이 아니었다. 오히려 자발성 없이 억지로 말하는 게 소용이 없을까 봐 걱정하는 것이었다. 아이는 달라지고 싶고, 달라지기를 원했다. 아이에게 이렇게 말해주었다.

★ ★ ★

걱정하지 마. 선생님 믿어. 지금은 마치 네가 억지로 하는 것 같지만 절대 그렇지 않아. 네가 일부러 변하려 노력하지 않아도 서서히 변화가 시작될 거야.

그건 한 달 후에 다시 평가해보면 돼. 다시 크게 약속해.

● ● ●

예의와 규칙을 지키겠습니다.

★ ★ ★

더 크게.

● ● ●

예의와 규칙을 지키겠습니다.

★ ★ ★

발음도 정확히.

● ● ●

예의와 규칙을 지키겠습니다.

훈육에서 하는 다짐은 한 마디 한 마디가 의미가 있으므로 소중히 다루어져야 한다. 지금 하는 말 한마디가 아이의 행동에 강력한 영향을 미치기 때문이다. 준서는 열 번을 모두 외쳤다. 열 번이 끝난 후 힘든 과정을 잘 견뎌준 준서에게 충분히 칭찬을 해주었다.

★ ★ ★

수고했어. 정말 잘했어. 힘들었을 텐데 잘 따라와 줘서 고마워.

눈물범벅인 얼굴을 씻었더니 개운한 눈빛이 보인다. 과연 준서와 함께 진행한 훈육은 어떤 변화를 가져올까?

훈육 후 삼일째, 드디어 학교에서의 생활에 변화가 찾아왔다. 담임선생님은 준서 엄마와의 상담에서 갑자기 달라진 아이의 태도에 놀랐다고 하셨다. 신기하게도 이번 주에 준서는 친구를 기다려주기도 하고, '미안하다', '고맙다'는 말도 자주 했다고 했다. 그 덕분인지 공부시간에도 집중하는 모습을 보인다고 했다. 그런데 갑작스러운 변화가 당황스러워 혹시 아이가 기가 죽은 것은 아닌지 걱정하셨다고 했다. 이런 경우엔 아이의 표정을 살펴보면 된다. 기가 죽어 시무룩한 표정인지 아니면 안정된 표정인지가 중요하다. 준서의 표정은 밝고 편안해 보였다. 그렇다면 분명 훈육이 성공한 것이다.

다음 주 준서와 다시 만났다. 준서의 표정이 밝고 활기차다.

★★★

지난주에 네가 갑자기 달라져서 담임선생님께서 깜짝 놀라셨다던데 어떻게 한 거야?

• • •

저도 신기하고 놀랐어요.

★★★

뭐가?

• • •

선생님 말 대로 돼서 진짜 신기했어요.

★★★

무슨 말이야?

●●●

선생님이 일부러 노력하지 않아도 된다고 했잖아요. 그런데 진짜 노력하지 않았는데 저절로 그렇게 되었어요.

★★★

정말?

●●●

기분 좋았어요.

★★★

왜?

●●●

진짜 칭찬을 처음 들은 것 같아요, 학교에서.

★★★

어떻게 칭찬하셨는데?

●●●

선생님이 조례시간에 제가 정말 잘하고 있다고 아이들 다 있는 데서 말씀하셨어요. 근데 친구들도 세 명이나 저한테 그렇다고, 잘하고 있다고 말해주었어요.

★★★

진짜? 기분이 어땠어?

●●●

좋았어요.

좋다고 말하는 준서에게 감정 단어 목록을 주고 칭찬받은 순간에 느낀 감정에 동그라미를 쳐보라고 했다. 이렇게 긍정적인 정서 경험을 했다면 좀 더 자세하게 이야기 나누어 아이가 더 잘 기억하고 그 의미를 받아들이도록 도와주는 과정이 필요하다. 준서가 선택한 단어는 '놀라움, 신기함. 안심, 기쁨, 행복, 희망, 즐거움, 열정, 감탄'이었다. 그 이유를 물었다.

...

안심되었어요. 제가 학교에 잘 다니고 있는 것 같아서. 기쁘고 즐겁고 행복했어요. 칭찬받으니까. 그냥 막 기분이 좋았어요. 앞으로 희망도 생겼어요. 왠지 더 잘할 수 있을 것 같아서. 참, 열정이요. '앞으로 더 열심히 해야지!' 그런 마음이 열정 맞죠? 감탄도 했어요, 잘하고 있는 저한테.

제대로 된 훈육은 아이에게 이런 마음의 변화를 가져온다는 것을 기억하기 바란다. 이 책을 다 읽을 즈음에는 최소한 한 번 이상 준서처럼 성공적인 훈육을 경험하게 될 거라 확신한다. 부모가 마음속에 그리는 훈육이 이런 모습이었으면 좋겠다. 약간 불편한 과정을 거칠 수밖에 없지만, 그 터널을 통과하면 맑고 쾌청한 파란 하늘이 기다리고 있다. 우리가 마음속에 담아야 할 훈육은 이런 모습이다.

나중에 자세히 이야기하겠지만 여기서 훈육할 때의 자세를 짚고 넘어가야 겠다. 처음 대화를 시작할 땐 앞에서 아이의 두 손을 잡고 시작했지만, 아이가 울며 저항하기 시작할 즈음에는 아이 뒤로 가서 백허그 자세로 진행했다. 준서가 앉은 자리 뒤에 앉아서 안아주고 다독였다. 백허그 자세로 진행하는 훈육은 부모가 안정감을 유지할 수 있게 도와주고, 아이를 안아주고 다독여줄 때도 부모의 따뜻함이 잘 전달되는 장점이 있다. 그래서 삼십 분이 넘게 진행되는 동안에도 준서가 저항은 했지만 폭발하는 행동은 보이지 않은 것이다.

또, 훈육 도중에 보여준 준서의 행동에 관해 이야기하고 싶다. 준서는 중간에 화장실에 다녀오겠다고 했다. 참말인지 물으니 정말 가고 싶다고 해서 다녀오도록 허락해주었다. 그런데 화장실에 다녀온 준서는 상담사가 앉아 있는 앞자리, 그러니까 조금 전에 준서가 앉았던 바로 그 자리에 그 자세 그대로 앉았다. 손을 잡았을 때 놓으라고 거부하던 아이였고, 빨리 집에 가겠다고 외치던 아이였다. 그런데 화장실에 다녀와서 마치 하다 만 훈육을 계속 받겠다는 태도로 그 자리에 와서 앉으니 이상하지 않은가? 이게 무슨 의미일까?

아이는 저항하고 괴롭게 울부짖었지만 사실 제대로 된 훈육을 기다리고 있었다. 마음속으로는 자신이 더 나은 방향으로 바뀌기를 간절히 원하고 있었다. 그래서 충분히 자기 마음대로 할 수 있는 자유가 있었음에도 그 자리에 다시 앉아 훈육을 기다린 것이다. 이렇게 아이의 진짜 속마음을 만날 때면 정말 짜릿하고 기쁘다. 이런 기쁨을 세상 모든 부모가 경험하길 바란다.

훈육의 두 종류,
먼저 선택하세요

부모는 진심으로 아이의 마음을 이해하고 싶다. 상처 주지 않으면서 아이의 문제행동을 고쳐주고 싶다. 그래서 아이가 떼를 쓰고 고집을 부리는 순간마다 꺾어야 할지 들어주어야 할지 혼란스럽다. 도대체 아이를 제대로 훈육하는 방법이 있기나 한지 전문가들을 만날 때마다 묻고 또 묻는다.

전문가들이 말하는 중요한 훈육 방법 두 가지가 있다. 첫째는 부모가 감정 조절을 잘한 상태에서 아이의 문제행동 속에 숨어 있는 감정과 욕구를 먼저 읽어주고, 그것을 표현할 바람직한 방법을 알려주는 방법이다. 두 번째는 감정만 읽어주면 제대로 가르치지 못하게 되니, 안 되는 건 안 된다고 단호하게 말해서 아이의 자기조절력과 문제해결력을 높이는 방법이다. 그런데 이 두 가지 방법은 모두 문제행동이 발생한 후에 대처하는 방법이다. 마음속에 숨겨져 있는 아이의 감정을 읽어주고 욕구를 충족시켜 주는 방법도, 새로운 규칙을 알려주어

옳은 행동과 그른 행동을 구분할 줄 아는 아이로 키우는 단호한 훈육도 문제행동 상황에 부모가 반응하는 방식에 대한 의견들이다. 훈육이 어렵고 실패하는 가장 큰 이유는 바로 이 때문이다. 문제가 생긴 후에 훈육한다는 고정관념이 엉뚱한 길로 가게 하는 것이다.

이미 문제행동을 저질렀고, 그런 행동을 할 수밖에 없었던 아이도 마음이 어지럽고 혼란스럽다. 게다가 아이의 행동 때문에 화난 부모도 마음을 진정하기 어렵다. 그래서 부모는 마음을 읽어주어야 할 때와 훈육할 때를 잘 구분하기 어렵다. 위로해주어야 할 때 엄격하게 훈육해서 더 깊은 상처를 주거나, 훈육해야 할 때 공감만 해주느라 아이의 문제행동을 계속 허용해주는 결과를 가져오기도 한다. 결국, 아이는 혼란 속에서 계속 떼쓰고 울면서도 자신이 뭘 잘못한 건지, 왜 이렇게 자신을 무섭게 혼내는지 이해하지 못하고 부모를 원망하게 될 수도 있다. 어떤 아이는 이렇게 말한다.

● ● ●

엄마가 '하나, 둘, 셋' 하면 머릿속에 물음표만 생기고, 뭘 해야 할지 모르겠어요.

"엄마가 셋 셀 때까지 빨리 치워." 이런 말들이 아이를 혼란스럽게 만들고 바짝 긴장하게 하여 무엇을 해야 할지 생각하는 능력을 마비시킨다는 말이다.

지금까지 훈육이 잘되지 않았다면 근원적인 문제를 살펴보아야 한다. 보다 근원적인 문제를 이해하기 위해 필요한 질문이 있다. "당신이 지금 하고 있는 훈육은 가르치는 훈육인가, 아니면 상황에 대처하는 훈육인가?" 훈육의 타이밍을 묻는 질문이 아니다. 훈육에서 가장 중요한 훈육의 본질에 관한 질문이다. 가르치고 깨닫게 해서 아이가 성장하게 하는 훈육인지, 아니면 급한 상황을 진정시키고 모면하기 위한 대처법으로서의 훈육인지 질문하는 것이다. 지금 시행하고 있는 훈육은 어떤 종류의 훈육인가?

부모가 훈육을 성공적으로 진행하기 위해서는 훈육의 종류를 먼저 선택해야 한다. 훈육의 본질은 아이가 잘 배우는 것이다. 그러니 아이가 가장 잘 배울 수 있는 훈육이 무엇인지 알아야 한다.

① 아직 발생하지 않은 문제행동을 예방하기 위한 훈육
② 종종 나타나는 문제행동을 개선하기 위해 가르치는 훈육
③ 문제가 발생한 순간에 대처하는 훈육

이 중 부모가 가르치기에 쉽고, 아이가 잘 배울 수 있고, 진행하는 방법이 수월해서 쉽게 성공할 수 있고, 부모도 아이도 상처가 아니라 성장을 경험하는 훈육 방법을 선택해야 한다.

먼저 ①과 ②번은 부모와 아이의 마음이 평정심을 유지하고 있을 때 진행하는 훈육이다. 아이의 문제행동이 점점 줄어들고, 문제 상황에서 나타나는 과격한 행동을 막아주는 효과가 있는 것도 이 방법이다.

부모는 아이에게 많은 걸 가르친다. 친구들과 사이좋게 놀아야 하고, 욕심을 부리지 말아야 하고, 양보하고 배려할 줄도 알아야 한다고 가르친다. 이런 모든 가르침이 아직 발생하지 않은 문제행동을 예방하기 위한 훈육에 속한다.

그런데 잘 가르쳤다고 생각했지만, 정작 친구들과 어울려 놀기 시작한 아이는 사이좋게 놀 줄 모르고 욕심을 부리고 양보하지 않는다. 이렇게 예방훈육에 실패하는 이유는 아이의 눈높이에 맞게 아이가 이해할 수 있는 언어로 구체적 상황을 머릿속에 그려주지 못했기 때문이다. '사이좋게', '배려', '양보' 이런 말들은 매우 좋은 말이지만, 어린아이들이 이해하기에는 어렵다. 그러니 사이좋게 놀기를 바란다면 미리 자세하게 알려주어야 한다.

• • •

친구 집에 놀러 가면 친구 장난감으로 놀 거야. 놀고 싶은 게 있으면 '이거 갖고 놀아도 돼?'라고 물어봐야 해.

• • •

싫다고 하면요?

• • •

그러면 다른 장난감을 물어봐야지.

• • •

전부 다 싫다고 하면요?

• • •

그땐 엄마나 친구 엄마한테 도와달라고 하면 돼. 우리 연습해볼까?

이런 과정이어야 한다. 놀이터에서 아이가 먼저 미끄럼을 타겠다고 친구를 밀쳐서 싸움이 나고, 결국 모두 울음바다가 됐다면 엄마는 아이의 행동을 훈육해야 한다. 이런 행동을 가장 잘 가르치기 위해서는 엄마도 아이도 진정되었을 때에 훈육해야 한다. 미리 아이에게 시간을 말하자.

• • •

오늘 할 이야기가 있어. 이따 저녁 먹고 엄마랑 이야기 나눌 거야.

약속한 시간이 되었다면 이렇게 시작해보자.

• • •

아까 미끄럼 탈 때 친구를 민 거 맞아?

• • •

네.

• • •

이유가 있었을 거야. 왜 그랬는지 말해줄 수 있겠니?

• • •

전에 그 친구가 밀어서, 나도.

• • •

아, 그런 적이 있었구나. 그때 억울한 마음에 오늘 그렇게 한 거야?

• • •

네.

• • •

그래서 그랬구나. 그런 마음이 들 수 있어. 그런데 네가 한 가지 모르는 게 있어. 친구가 너에게 잘못했다고 해서 너도 그렇게 하면 안 돼. 선생님이나 부모님께 도움을 청해야지 네가 따라 하는 건 절대 안 돼.

• • •

그럼 저만 억울하잖아요.

• • •

잘못된 행동인 줄 알면서 계속하겠다는 이유가 뭐야? 계속 그렇게 하는 게
너에게 어떤 도움이 되니?

• • •

…….

• • •

그렇지? 넌 알고 있어. 그게 잘못된 행동이란 걸. 알고 있어서 정말 다행이다.
이제 화나고 억울할 때 어떻게 하면 좋을지 그 방법을 배울 때가 되었구나.
혹시 다음에 또 그런 상황이 된다면 어떻게 하면 좋을까?

• • •

모르겠어요.

• • •

엄마가 가르쳐줄까?

• • •

네.

• • •

네가 배울 자세가 되어 있어서 기특해. 친구가 규칙을 어길 땐 다른 친구들과
함께 말해. "질서를 지켜줘. 규칙대로 해야지." 이런 말로도 친구 행동이 달
라지지 않으면 선생님이나 어른들께 도움을 청해야 해. 이건 고자질하는 것

과는 달라. 알겠니?

아이에게 뭔가를 가르치는 언어가 쉽지 않다고 말하는 부모가 많다. 그런데 말 하나하나에 너무 신경 쓰기보다 대화를 나누는 정서적 교감에 신경 써보기 바란다. 아이가 억지로 참으면서 혹은 억울해하면서 부모의 말을 듣고 있는지, 아니면 뭔가 자신도 해결책을 찾고 새롭게 배우기를 바라는 마음으로 듣고 있는지 살펴보면서 대응해야 한다. 대화의 핵심은 혼내는 것이 아니라, 아이가 그럴 수밖에 없었던 이유를 알아주고 믿어주고 다음엔 어떻게 해야 할지 가르쳐주는 것이어야 한다.

훈육에서도 가장 중요한 것은 '소통'이다. 아이에게 부모의 말이 전해지고, 아이의 말도 부모에게 전해져야 한다. 엄격하고 단호하게 부모가 일방적으로 아이에게 주입하는 것이 아니다. 아직 일어나지 않은 문제를 방지하고 성숙한 태도를 얻기 위해 하는 훈육과 잘못된 행동을 했지만 다시 그런 행동을 하지 않도록 가르치는 훈육은 소통을 통해 이뤄져야 한다. 부모와 아이가 마음이 통하면 아이는 자발적으로 반성하고 새로운 깨달음을 얻는다.

반면에 ③번 사건 발생 상황에서의 훈육은 상황에 대처하기 급급하다. 울고 떼쓰는 아이를 멈추게 하고 달래야 하고 진정시켜야 한다. 아이가 폭발하면 전문가조차도 달래기 힘들다. 그러니 아이 행동에 화가 난 부모가 먼저 진정해서 아이를 진정시키기란 정말 어려운 일이다. 그럴 때는 상황이 발생한 초기가 무척 중요하다. 아이가 징징거리기 시작한 초기에 제대로 멈추게 하고 가르치면 가능하다.

징징거리기 시작하는 아이에게 훈육해야겠다고 마음을 먹었으면 먼저 엄마 마음을 가라앉혀야 한다. 마음을 진정시키면 눈과 귀가 열린다. 마트에 함께 온 아이가 미리 장난감을 사달라고 떼쓰지 않기로 약속했음에도 장난감을 사달라고 한다면 "장난감을 보니 참기가 어렵구나. 약속하고 왔는데도 그런 마음이 드는구나"라고 빨리 읽어주자. 그리고 아이에게 꼭 해주어야 할 말은 이것이다.

• • •

마트에 도착해서 지금까지 참기 어려운데도 잘 참아줘서 고마워.

울지도 않고 이걸 해내는구나. 정말 멋지다.

자꾸 보고 있으면 참기 어려울 것 같아. 우리 빨리 시식코너로 가볼까?

아이의 감정이 폭발한 상황에 대처하는 훈육은 뒤에서 다시 자세히 이야기하겠다. 여기선 지금까지 우리가 한 훈육이 왜 성공하기 어려웠는지 구분하는 것이 중요하다. 먼저 어떤 훈육을 할지 종류를 선택해보자. 가르치고 앞으로의 문제행동을 예방하는 훈육? 아니면 사건 발생 상황에 대처하는 훈육? 부모도 아이도 평정심을 유지할 때 가르치는 훈육은 많은 문제 발생을 예방할 수 있다. 하지만 상황대처 훈육은 너무 어렵기만 하다. 그렇다면 당신은 둘 중 어떤 훈육을 선택할 것인가?

물론 우리는 두 가지 종류의 훈육을 모두 제대로 배워야 한다. 그리고 당연히 첫 번째 훈육법을 먼저 배워야 한다. 첫 번째 훈육을 잘할 줄 알아야 두 번째 훈육도 잘할 수 있게 되기 때문이다.

훈육, 몇 살부터 시작하면 좋을까?

훈육을 시작하는 나이에 대해서도 한번 생각해보자. "훈육, 몇 살부터 시작해야 하나요?" 아기를 키우는 부모라면 누구나 고민하는 문제이다. 다음과 같은 문제행동을 하기 시작하는 아기에게 언제부터 훈육을 시작해야 할까?

Q 13개월 아들이 신 날 때도, 울 때도 옆에 있는 물건이나 장난감을 집어 던져요. 지금부터 훈육을 시작해도 되나요?

Q 16개월 아기가 자기 마음대로 안 되면 자해행동을 하는데 어떻게 못 하게 해야 할지 모르겠어요. 안 된다고 설명해도 제대로 못 알아듣지 않을까요?

걸음마를 시작한 아기들이 문제행동을 보이기 시작하면 분명 가르침이 필요하다. 그런데 부모들은 약 18개월 전까지 아이는 아직 말귀를 못 알아들으니 가르치기 어렵다고 생각한다. 실제로 훈육의 시작 시기에 대해서는 다양한 의견이 존재한다. 생후 1년만 지나도 가능하다는 의견부터 말귀를 알아듣는 만 2세 이상은 되어야 한다는 의견도 있다.

그렇다면 아직 어리니 문제행동을 보이는 아이를 그냥 내버려두라는 의미일까? 아이가 몇 개월일 때부터 훈육을 시작하라고 명확하게 말하긴 어렵다. 하지만 아직 말을 제대로 못 알아듣는 아기라도 끊임없이 뭔가를 배우고 있다는 사실에 주목해보자. '가르친다'는 훈육의 본뜻을 생각해본다면 좀 더 어린 아기에게도 훈육이 가능하지 않을까? 다음의 실험을 살펴보고 언제부터 훈육을 시작하는 것이 좋은지 생각해보자.

시각벼랑실험 이야기 1

시각벼랑 장치(Visual Cliff)는 미국의 심리학자 엘레노어 깁슨(Eleanor Gibson)과 리차드 워크(Richard Walk)가 1960년에 만든 장치로, 아기가 몇 개월부터 깊이를 지각하는지 알아보는 실험에 사용되었다. 두 개의 책상 사이를 떨어뜨려 놓고 책상과 바닥 모두에 바둑판 무늬의 천을 씌운다. 그리고 두 개의 책상 위에 유리판을 놓으면 아기가 유리판 위에서 볼 때 시각적으로 더 깊게 보여 낭떠러지가 있는 것 같은 착각을 하게 된다.

결과는 이렇다. 2개월이 된 영아를 시각벼랑이 있는 곳에 엎어두면 두려워하며 우는 대신 오히려 심장박동이 느려지고 조용해지는 현상을 보였다. 길 수 있는 7개월쯤의 대부분 영아는 시각벼랑 앞에서 기기를 멈추고 머뭇거리는 반응을 보였다. 7개월 이상부터는 시각벼랑 앞에서 심장박동이 빨라지면서 공포 반응을 보였다. 결론적으로 시각벼랑을 변별하는 지각능력은 비교적 일찍부터 발달하지만 시각벼랑에 대한 공포는 기기 시작하는 7개월부터 나타난다고 한다. 그런데 이후 실험이 더 흥미롭다.

시각벼랑실험 이야기 2

1985년, 미국 콜라라도 대학의 소스(James Sorce) 교수와 엠드(Robert Emde) 교수, 덴버 대학의 캠포스(Joseph Campos)교수와 클리너트(Mary Klinnert) 교수는 시각벼랑 실험을 바탕으로 엄마의 정서적 신호에 따른 아기의 반응을 연구했다. 이 실험 이야기는 케이블 TV 스토리온 우먼쇼 〈웃는 엄마 무표정 엄마〉의 영상을 참조하여 살펴보자. 인터넷에서 검색해서 쉽게 볼 수 있으니 꼭 한 번 찾아보기 바란다.

7개월 한음이, 7개월 정우, 9개월 연우 세 아기가 있다. 이 세 아기를 대상으로 시각벼랑 실험을 진행해보았다. 엄마들은 모두 아기들이 시각벼랑을 지나지 않을 거라 예상했다. 평소에 식탁 같은 곳에 올려두면 흠칫 멈추고 더 이상은 움직이지 않는 걸로 보아 분명 높은 곳을 인지한다고 했다. 이런 반응은 기존의 시각벼랑 실험에서도 확인된 바이다.

이제 실험을 진행한다. 먼저 엄마가 시각벼랑 건너편에 무표정으로 앉아 있다. 연우는 엄마를 향해 씩씩하게 기어간다. 그런데 갑자기 시각벼랑이 나타났다. 아래를 잠시 내려다보던 연우는 곧이어 엄마를 쳐다본다. 더 이상 움직이지 않고 엄마를 쳐다보며 무언가 신호를 기다린다. 엄마는 아무 말 없이 무표정으로 연우를 쳐다보기만 한다. 연우는 엄마를 향해 손을 뻗은 듯하다가 이내 멈춘다. 그리고 방향을 돌려 출발선 쪽으로 부리나케 기어가 버린다. 7개월 한음이도 마찬가지였다. 여기까지는 예측한 대로였다. 엄마의 표정과 상관없이 7개월 이상의 아기들은 시각벼랑 앞에서 멈추는 현상을 보이니 말이다.

그런데 엄마의 표정이 달라지면 어떨까? 높이 지각이 가능해서 분명 무서울 텐데 엄마가 다르게 표정 짓는다고 해서 과연 아이가 시각벼랑을 건널까? 이제 다시 실험을 진행한다. 조금 전과 달리 엄마는 처음부터 연우를 바라보며 함박웃음을 짓고 있다. 웃으며 연우에게 손짓한다. 엄마를 바라보던 연우가 갑자기 "휴우" 하며 한숨을 내쉰다. 연우는 9개월이다. 연우가 내뱉은 한숨의 의미를 진지하게 생각해보아야 할 것 같다. 안도의 한숨을 내뱉은 연우는 이제 엄마를 향해 기어가기 시작한다. 곧 눈앞에 시각벼랑이 나타났다.

연우는 멈추고 다시 엄마를 본다. 여전히 엄마는 환하게 웃으며 연우에게 오라는 손짓을 한다. 몇 초간 엄마를 응시하던 연우는 이제 확신에 찬 표정으로, 살짝 미소를 지으며 기어가기 시작한다. 당당하게 망설임 없이 시각벼랑을 지나 엄마를 향해 기어간다. 7개월 한음이도 마찬가지였다. 시각벼랑에 아랑곳하지 않고 단번에 시각벼랑을 통과해서 엄마 품에 안겼다.

말이 안 통해서 훈육을 못한다고 생각했다면 이제 그런 오해는 버리기 바란다. 엄마의 표정은 아기에게 많은 걸 이야기하고 있다. 아이는 엄마의 표정을 보고 앞으로 갈지 말지를 결정했다. 그래도 아직 너무 어린 아기라 뭔가를 가르치기는 어렵다고 느낀다면 한 가지 실험을 더 살펴보자.

무표정 실험

엄마의 무표정이 아이에게 어떤 영향을 주는지 알아보는 '무표정의 경험(Still Face Experiment)'이라는 실험이다. 하버드 대학의 에드워드 트로닉(Edward Tronick) 박사의 실험을 기반으로 한음이, 연우, 정우에게 똑같은 방법으로 실험해보았다.

정우와 재미있게 웃으며 놀아주던 엄마가 한순간에 무표정으로 달라진다. 그러자 아이의 표정도 순식간에 얼음으로 변한다. 얼굴에서 웃음기가 사라지고 불안해하며 엄마와 시선을 맞추지 못한다. 주위를 두리번거리고 다른 곳을 쳐다본다. 7개월밖에 안 된 정우는 엄마의 관심을 끌어보려 낑낑거려 보지만 엄마의 표정이 변하지 않고 계속 무표정하자 온몸을 버둥거리며 크게 울어버린다. 지금 이 순간 정우가 할 수 있는 일은 우는 것밖에 없는 것이다.

9개월 연우도 마찬가지였다. 까꿍놀이를 하며 재미있게 놀아주던 엄마의 표정이 갑자기 변한다. 그러자 연우는 엄마의 눈치를 살피며 어리둥절해한다. 잠시 인형을 입에 물더니 그것도 집어 던져버린다. 엄마의 눈을 피해 다른 곳으로 가려 하다 엄마가 붙잡으니 울음이 터진다.

이 실험은 부모의 부정적인 감정이나 태도가 아이들에게 대물림되는 현상을 설명하고 있다. 부모가 아기를 대할 때 어떤 정서를 보여야 하는지 알 수 있다. 그런데 이 실험을 통해서 우리는 어린 아기의 훈육에 대한 힌트도 얻을 수 있다. 6개월이 지난 아기가 엄마의 표정에 따라 행동이 달라지기 시작한다면, 그 시기부터 훈육이 가능하다는 의미로 이해해도 되지 않을까?

시각벼랑 앞에서 두려움을 느끼던 아이가 엄마의 웃는 표정에 용감하게 시각벼랑을 건넜다. 반면에 엄마의 무표정에는 불편해하고 불안감을 느낀다. 결국, 기어 다니는 시기의 아이들은 엄마와의 비언어적 의사소통을 통해 행동을 결정했다는 것을 알 수 있다. 미국 심리학자 에드워드 손다이크(Edward Thorndike)는 6~12개월 아이들은 주변의 정서 반응과 사회적 상호작용에 절대적으로 민감하다고 말한다. 엄마 아빠의 정서적 반응으로 훈육이 충분히 가능하다는 의미로 이해해도 무리가 없을 것 같다.

하버드 의과대학 소아학 명예교수인 베리 브래즐턴(Betty Brazelton)은 아기가 텔레비전으로 기어가서 부모가 쳐다보고 있는지 확인할 때가 훈육을 청하는 것이라고 말한다. TV를 붙든 아이가 왜 엄마를 쳐다볼까? 당연히 엄마가 뭔가 반응하리라는 것을 알고 있다는 의미다. 아이는 엄마에게 붙들고 일어선 행동에 대한 칭찬을 구하거나, 그런 행동을 해도 되는지 허락을 구하는 것일 수 있다. 이런 행동을 통해 아기가 엄마의 가르침과 훈육을 원하고 있다는 것을 알 수 있다.

이렇게 아이는 가르쳐달라고 요구하는데 부모가 가르쳐야 할지 말지를 고민하고 있다는 게 불필요해 보인다. 아이는 기어 다닐 무렵부터 수없이 많은 가르침을 받기 시작한다. 아이는 배워야 한다. 그러니 가르치고 배운다는 개념의 훈육이라면 아이가 기어 다니기 시작하는 시기부터 시작하는 것이 맞다.

결론적으로 기어 다니기 시작하는 시기부터 아이는 훈육이 가능하다. 물건을 던지거나 머리를 바닥에 쿵쿵 찧는다면 "안 돼. 아파. 다쳐"라고 말하며 아이 손을 잡고 얼굴을 찌푸리며 아프다는 걸 알리고 그러면 안 된다고 가르쳐야 한다. 아이가 하면 안 되는 행동에 대해 부모는 일관성 있게 안 된다는 말과 표정으로 전달해야 한다. 이 시기에 아이는 보는 대로, 듣는 대로 배우고 자란다. 그러니 부드럽고 따뜻하게 가르치는 훈육을 시작해야 한다.

3장

모든 아이에게
어떤 상황에서도 적용되는
훈육법

성공적인 훈육 과정 들여다보기

지성이는 7살이다. 5살에 어린이집에 다닐 때부터 늘 문제가 있다는 지적을 들어왔다. 친구들을 툭툭 치고 다녔고, 마음에 들지 않으면 꼬집거나 때렸다. 친구가 울면 자기가 그러지 않았다고 딴청을 피울 뿐 아니라, 소소한 규칙도 잘 지키지 못했다. 동생과는 붙기만 하면 싸운다. 동생을 괴롭혀 울리고도 오히려 엄마에게 동생 때문에 억울하다며 먼저 울음을 터뜨렸다.

엄마가 아빠에게 아이 버릇을 고치게 따끔하게 혼을 좀 내주라고 했더니 아빠는 계속 그러면 갖다 버리겠다고 소리를 질렀고, 아이의 나쁜 행동은 더 심해지기만 했다. 날마다 벌어지는 이 상황이 너무 괴롭고 도저히 감당할 수 없었던 엄마는 상담을 시작했다.

6개월 동안 24회기 정도 상담을 진행했다. 지성이의 행동은 달라지기 시작했다. 문제행동의 수준이 현저하게 낮아졌을 뿐 아니라, 유치원 선생님의 말씀에 의하면 친구와의 부대낌도 예전과 비교하면 70~80% 정도 줄어들었다고 한다. 상담이 종료할 때가 되어가는 지성이는 이제 한 달에 한 번씩 오면서 생활을 점검하고 있다. 한 달 만에 만난 지성이에게 질문했다.

"한 달 동안 네가 잘한 것 한 가지만 말해볼래?"

눈동자를 이리저리 굴리며 생각하는 모습이 참 예쁘다.

"음, 음, 동생이 괴롭혀도 뭐라고 하지 않고 참았어요."

"와! 세상에! 어떻게 그럴 수 있었어? 너 예전에는 동생이 조금만 뭐라고 해도 참기 어려웠잖아."

"네. 근데 이젠 안 그래요."

"어떻게 안 그럴 수 있었어?"

"내가 어떻게 그랬느냐면요, 깊게 마음을 먹었어요."

"웅? 깊게 마음을 먹어? 깊게 마음을 먹는 거 굉장히 어려운 일인데 대단하다. 무슨 마음을 깊게 먹은 거야?"

"동생이 괴롭히거나 시끄럽게 해도 그냥 가만히 있기로 마음먹었어요."

"예전에는 가만히 있기가 힘들어서 동생하고 싸워서 맨날 엄마한테 혼났잖아."

"그때는 절대 못 참고, 못 참고, 또 못 참고, 무한대로 못 참았어요."

"그런데 지금은 어떻게 참을 수가 있어?"

"제가 그렇게 마음먹었다니까요."

동생과 부딪힐 때마다 동생을 밀치고 때리고 억울하다며 소리 지르던 아이였다. 엄마가 그때마다 붙들고 훈육했지만 전혀 소용이 없었다. 그러던 아이가

'깊게 마음을 먹었다'고 말하고 있는 것이다. 그리고 행동도 분명히 달라졌다. 자신의 변화된 점을 말하는 아이의 표정은 뿌듯하고 당당하다. 이 정도면 잘된 훈육이라 할 수 있지 않을까?

이 대화를 지성이가 있는 자리에서 다시 엄마에게 들려주었다.

"지성이가 이렇게 멋진 생각을 하고 깊게 마음을 먹었대요. 엄마는 그거 아셨어요?"

이제 웬만큼 아이를 대하는 방법을 배운 엄마도 한술 거든다.

"그럼요. 지성이가 얼마나 달라졌는데요. 설날에 받은 세뱃돈으로 동생 선물도 사줬어요."

"와! 동생 선물도 사줬어? 어떻게 이렇게 멋질 수 있니?"

"왜요? 전 좀 멋지면 안 돼요?"

뿌듯하고 당당한 표정으로 살짝 흘기면서 하는 아이의 말에 나도 엄마도 웃음이 빵 터졌다. 좋은 훈육의 결과는 이렇다. 아이의 마음이 성장하는 게 눈으로 보이고 온 마음으로 느낄 수 있다. 그럴 때 아이는 빛이 난다. 훈육이 성공적으로 진행된 아이에게서는 빛나는 잠재력과 무궁한 가능성으로 눈부신 아우라를 종종 볼 수 있다.

이 지점에서 우리는 정신을 차리고 잘 들여다보아야 한다. 훈육의 뜻은 '품성이나 도덕을 가르쳐서 기름'이다. 좋은 품성을 기르도록 올바른 도덕성을 가르치는 것이 훈육이다. 진짜 성공적인 훈육이란 어떤 것인지 살펴봄으로써 그 속에 녹아 있는 '불변의 훈육 원칙'들을 찾아보면 모든 아이에게 잘 통하는 효과적인 훈육 기법이 무엇인지 알 수 있다.

지성이의 훈육이 성공적이었던 원인은 무엇일까? 지성이는 동생 때문에 종종 혼이 났다. 엄마 아빠가 붙들고 혼내기도, 달래기도 하고, 아이가 좋아할 만한 조건을 걸기도 해서 때때로 지성이도 잘해보려고 마음먹기도 했다. 하지만 결과는 늘 엉망이었다.

지성이의 상황을 구체적으로 들여다보자. 지성이는 자기 자동차를 가지고 노는 동생에게 장난감을 돌려달라고 했다. 참고로 동생도 형을 싫어한다. 한마디도 지지 않는 동생을 보며 엄마는 '동생이 형을 잡아먹으려고 한다'고 표현했다. 둘 사이의 애증이 굉장한 수준이다. 그래도 형의 역할을 열심히 가르친 덕인지 가끔 지성이는 동생에게 좋은 말로 타이르기도 했다.

"유성아, 형 꺼 돌려줘."(부드러운 목소리)

"싫어! 내 거야!"(소리 지르며)

한 번의 거절에 지성이는 바로 폭발해서 동생을 두 팔로 확 밀쳤다. 동생은 넘어지면서 머리가 바닥에 부딪혔고 큰 울음이 터졌다. 엄마가 부리나케 달려와 뒤로 넘어진 동생이 머리를 다치지는 않았는지 살펴보며 폭풍 같은 잔소리로 지성이를 혼낸다. 지성이도 발악한다.

"너 왜 동생을 밀쳐. 엄마가 밀면 안 된다고 했잖아. 머리 다치면 어떡할 뻔했어!"

"내가 친절하게 말했잖아! 근데 자기 거라고 우기잖아! 왜 엄마는 맨날 동생 편만 들어? 난 잘못한 거 없어! 동생이 잘못했는데 왜 나만 혼내!"

엄마는 지성이를 어떻게 가르쳐야 할지 막막했다. 분명 지성이는 훈육이 필요하다. 무슨 일이 있어도 절대 동생을 때리거나 밀면 안 된다는 것을 꼭 배워야 한다. 그렇다면 지성이에게는 어떤 훈육이 효과가 있을까? 이 문제를 해결하려면, 지성이의 잘못에 초점 맞추는 것이 아니라 지성이의 마음을 들여다보며 상황을 풀어나가야 한다.

울부짖는 지성이에게 엄격하고 단호하게 두 눈 부릅뜨고 절대 동생을 밀치면 안 되다고 훈육하면 그 말이 귀에 들어올까? 자기 잘못을 깨닫고 앞으로 절대로 동생을 밀치지 말아야겠다고 결심할까? 절대 그렇지 않을 것이다. 오히려 자신의 억울함을 몰라주는 엄마가 원망스럽고, 이런 일이 벌어지게 한 동생이 뼈에 사무치게 미워진다.

왜 맨날 이런 일이 반복되는지 알 수도 없고, 어떻게 해야 동생이 자기 말을 잘 들을지 방법도 모른다. 이 어린아이 마음에 억울함, 분노, 원망이 가득 차 있다. 이런 마음 속으로는 반성과 배움, 깨달음이 비집고 들어갈 여지가 없다.

이제 이런 부정적인 감정들을 마음에서 내보내고 미안함과 죄책감, 감사함과 달라져야겠다는 의욕을 갖게 하는 훈육이 필요하다. 그러기 위해서는 먼저 억울함과 원망, 분노를 잘 달래서 흐르는 강물에 띄워 보내야 한다. 그냥 마음을 읽어주는 것으로는 부족하다. 아이의 마음을 제대로 알고 다독여주는 엄마의 '따뜻함'이 필요하다. '냉정하고 엄격하게'가 아니다. '따뜻하게' 품어주어야 한다.

엄마는 이제 새로 배운 훈육을 시작해본다. 먼저 따뜻한 느낌으로 '그래, 속상했구나. 힘들었지?' 이렇게 말해준다. 이 말에 아이는 서러움이 북받쳐서 울음을 터뜨린다. 이 울음은 자기 마음을 알아주는 것에 대한 고마움과 그동안의 억울함과 분노가 함께 실려 나오는 울음이다. 한참 울던 아이가 진정되기 시작하면 이제 두 번째 단계이다. 아이에게 안 되는 건 안 된다고 단단하게 말해주어야 한다.

...

"엄마는 네 마음 다 알아. 하지만 아무리 화가 나도 동생을 밀치는 건 안 돼. 때리는 건 절대 안 돼. 꼭 기억해야 해. 알았지?"

엄마의 따듯한 마음에 꽁꽁 언 마음이 녹았는지 지성이는 "네"라고 순순히 대답한다. 마무리도 중요하다. 잘못을 깨닫고 다음엔 다르게 하기로 마음먹었지만, 아직 속상했던 마음의 여운이 남아 있다. 잠시 아이와 함께 그 시간에 머물러 있어 본다.

...

"네가 마음이 진정될 때까지 이렇게 엄마가 함께 있어줄게."

이렇게 엄마는 '따뜻하고, 단단하게' 지성이와 함께 상처를 견뎌낸다. 지성이의 훈육을 살펴보면 성공적인 훈육을 위한 요소들이 모두 제대로 작동하고 있다. 그래서 이런 변화가 가능했던 것이다. 특히, '따뜻하고, 단단하게'는 성공적인 훈육에서 가장 중요한 부분이다. 훈육에 성공한 대부분의 사례를 살펴보면 '따뜻하고, 단단하게' 이 두 가지 요소가 모두 기본적으로 작동하고 있음을 알 수 있다.

혼내야 하는 상황에서 '따뜻하게 대하는 것'이 무슨 소용인지 의아할 수 있다. '단호하게'와 '단단하게'가 무슨 차이가 있는지 궁금할 것이다. 결정적으로 아이의 행동이 변화할 수 있었던 핵심 요인이 무엇인지도 알고 싶을 것이다. 이제 성공적인 훈육을 위한 요소들을 제대로 알아보자.

따뜻했나요?
아이가 고맙다고 하나요?

● ● ●

생각하는 의자로 훈육했더니 문제행동이 더 심해졌어요.

공부시킬 때 훈육했더니 더 안 하려고 해요.

아이를 질질 끌고 가서 구석에 세워놓고 혼내요. 그랬더니 밤에 심하게 잠꼬
대를 해요.

이런 호소를 하는 부모들을 수도 없이 만난다. 왜 훈육이 실패하고 악순환이
계속되었는지 쉽게 알 수 있다. 이제 엄마, 아빠, 아이 온 가족이 행복감을 느낄
수 있는 성공적인 훈육이 되기 위해 진짜 필요한 것이 무엇인지 알아보자. 훈육
이 성공하는 가장 큰 요인은 무엇일까? 어떤 부분이 효과적으로 작동하여 좋
은 결과를 가져온 것일까? 일일이 분석하고 따져보는 데는 한계가 있지만, 훈

육이 성공적으로 마무리된 사례들에서 아이가 하는 말과 행동을 보면 짐작해 볼 수 있다.

...
엄마, 고맙습니다. 미안해요. 사랑해요.
저 이제 안 그래요. 중대한 결심을 했어요. 제가 깊게 마음을 먹었어요.

훈육이 성공했다면 아이는 제대로 가르쳐준 부모님께 감사한다. 폭주하는 자신을 단단하게 잘 막아준 엄마에게 미안함과 고마움을 표현한다. 자신의 잘못을 깨닫고 이젠 다르게 행동하겠다고 마음먹었다는 말도 들을 수 있다. 훈육이 끝난 후 이런 말을 들어본 적 있는가? 만약 들어본 적 있다면 그 훈육은 아주 성공적인 훈육이었다는 의미다.

훈육이 끝난 후 아이가 이렇게 감사함을 표현한다는 사실이 신기해 보이기도 한다. 부모가 아이 몸을 붙들고 실랑이를 하다 멍이 드는 과정을 거쳤을 때조차도 아이가 감사하다고 표현하는 걸 자주 경험한다. 이런 고통이 따랐는데도 왜 아이는 고맙다고 느낄까? 그 이유는 의외로 단순했다. 부모가 단단한 경계를 세워놓고 절대 하면 안 되는 것에 대한 한계선을 명확히 알려주고, 동시에 얼마나 힘들었을지 공감해주고 그 힘든 시간에 함께 머무르며 견뎌 냈을 때 아이들은 고맙다고 표현했다.

그런 마음의 현상이 잘 이해가 되지 않는다면, 살면서 나 자신이 정말 행동을 바꾸어야겠다고 결심했을 때 어떤 사람의 태도에서 그런 마음을 먹게 되었는지 생각해보자. 부모님이든 선생님이든 그분의 차갑고 냉정한 태도 덕분에 진심으로 다르게 행동하기 시작했다는 사람은 보지 못했다. 그보다는 힘든 마음을 알아주면서 전에 알지 못했던 사실을 분명히 깨닫게 해준 사람에 의해서 변화는 일어났다.

사회적으로 존경받는 사람들이 자서전이나 인터뷰에서 흔히 공통으로 하는 말이 있다. 자신을 믿어주고 따뜻하게 다독여주었던 그 누군가를 평생 마음에 두고 존경하고 그분의 가르침에 어긋나지 않는 삶을 살려고 애썼다는 것이다. 한 사람의 마음을 움직이고 평생 삶의 태도까지 결정하게 하는 힘은 '따뜻함'과 흔들리지 않는 '단단한 가르침'이 바탕이었다.

훈육이 끝난 후 아이 마음에 무엇을 남겨야 할까?

아이의 마음에 어떤 것이 남아야 아이가 달라지기로 마음을 먹을 수 있을까? 그런 마음이 들게 하는 부모의 가장 중요한 태도는 어떤 걸까? 세계적인 정신과 의사인 어빈 얄롬(Irvin Yalom)의 말에서 그 핵심을 찾아볼 수 있다.

미국 스탠퍼드 대학교 정신과 명예교수인 어빈 얄롬은 치료과정에서 환자에게 무엇이 도움이 되었는지 환자의 견해를 탐색하라고 한다. 그 결과 의사들의 견해와 달리 환자들은 주로 '관계'적인 것을 언급했다. 그의 환자들이 그에게 어떤 것이 도움되었다고 말했는지 살펴보자.

어떤 환자는 자신이 전염성이 있는 독감에 걸렸다고 전화로 알렸음에도 치료자가 기꺼이 자신을 만나주었다는 점을 가장 도움이 되었던 사건으로 꼽았다. 어떤 환자는 자신이 보낸 편지가 아주 마음에 들었다는 내용의 짤막한 답장을 전해주었던 일이 가장 도움이 되었다고 말했다. 도벽으로 감옥에 다녀온 어떤 환자는 자제력을 잃는 시기인 크리스마스 쇼핑 시즌에 치료자가 지방에 가 있으면서도 자신에게 지지의 전화를 해주었던 일이 가장 중요한 사건이었다고 말했다. 고질적인 분노 표출 때문에 치료자가 자신을 버릴 거라고 믿었던 환자는 자신이 치료자에게 심하게 화를 낸 다음에는 언제나 추가 회기를 잡는 것을 규칙으로 삼았던 것을 가장 도움이 되었다고 말한다.

《치료의 선물》 중에서

모두 진심을 담은 따뜻한 말 한마디와 한계에 대한 가르침과 그걸 깨달을 수 있도록 애써준 행동이 큰 힘이 되었고, 그 힘으로 변화해갈 수 있었다고 말하고 있다. 인간적인 따뜻함과 흔들리지 않는 단단함이 바탕이 된 삶의 태도에 대한 가르침과 깨달음이 환자들을 성장하게 한 것이다.

'엄마' 하면 떠오르는 연상 이미지는 무엇인가? 우리는 무엇 때문에 평생 엄마를 마음속에 담고 그리워하고 때론 미워하면서도 엄마에게서 벗어나지 못하는 걸까? 왜 노인이 되어도 '어머니'라는 한마디에 눈물이 나고 마음이 아려오는 걸까? '엄마'는 누구보다 나를 따뜻하게 품어주고, 나를 지지해준 사람이기 때문이다.

'아버지' 하면 떠오르는 연상 이미지는 무엇인가? 혹시 냉정함과 무뚝뚝함이라면 성인이 되었어도 여전히 원망과 아쉬움으로 기억될 수 있다. 그러나 평소엔 무뚝뚝하지만 결정적인 순간 넓은 품으로 안아주었던 기억이 있다면, 그 따뜻함 때문에 사랑하고 존경하는 아버지라는 기억을 갖게 되었을 것이다.

　이렇게 성인이 되어서도 따뜻함의 기억에 따라 전혀 다른 이미지를 간직하게 된다. 부모자식 관계에서 절대 빠지면 안 될 것이 '따뜻한 사랑'이다. 그런데 왜 우리는 아이를 가르치는 훈육에서만큼은 따뜻함을 배제해야 한다고 생각하게 되었을까? 따뜻함이 있었기에 거친 말로 혼이 나고, 때로 체벌을 받았어도 그 모든 걸 상쇄할 수 있었다는 사실을 왜 잊어버렸을까? 이제 우리도 따뜻하고 단단하게 훈육해보자. 그러면 아이는 새로운 깨달음으로 한 걸음씩 성장해나간다.

성공적인 훈육을 위한 제1원칙
: 따뜻한 훈육

길에서 울고 있는 7살 아이를 만났다면 당신은 어떻게 할 것인가? 집이 어디인지 엄마는 어디 갔는지 물어도 겁에 질려 울부짖으며 모르겠다고만 한다면 당신은 이 아이에게 어떤 태도를 보일 것인가? 7살이나 되었으니 울지 말고 똑바로 말하라고 호통쳐야 할까? 단호하고 엄격하게 목소리를 깔고, 이럴 때일수록 정신을 차려야 하니 울지 말라고 해야 할까? 그렇게 하면 아이가 울음을 멈추고 자신이 어디 사는 누구라고 말할 수 있게 될까? 그게 아닌 줄 우리는 너무나 잘 알고 있다. "놀랐구나. 엄마 금방 올 거야. 아줌마가 도와줄게. 아줌마가 찾아줄게." 아마도 당신은 아이가 놀랄까 봐 최대한 부드러운 표정으로, 따뜻한 목소리로 믿어도 되는 사람임을 알리며 아이를 진정시키려 할 것이다.

내가 항상 부모들에게 아쉬운 부분은 남의 아이에게는 상황에 따라 어떻게 해야 할지 너무 잘 아는데 우리 아이가 그런 상황이면 완전히 다르게 행동한다는 것이다. 바보같이 왜 울기만 하느냐고, 엄마 아빠 전화번호를 외워서 알지 않느냐고 다그치고 윽박지른다.

아이를 훈육하기로 마음먹었다면, 정신없이 울기만 하는 아이가 정신 차리고 제대로 행동하기를 바란다면, 우선 엄마 아빠가 먼저 정신 차려야 한다. 그리고 아이를 찬찬히 살펴보자. 아이는 울며불며 눈물 콧물 범벅이다. 그 아이에게 무슨 말이 필요할까? 아무리 발악하며 울부짖더라도 그건 겁을 먹었기 때문이라는 것을 기억해야 한다. 겁먹어서 울부짖는 아이에게는 우선 따뜻한 보살핌이 먼저다. 무조건 따뜻해야 한다. 그래야 안심한 아이는 울음을 그치고 주변을 돌아보며 어떻게 해야 할지 생각할 수 있다.

그래도 '어떻게 훈육을 따뜻하게 할 수 있지?'라는 의문이 든다면 차근차근 생각해보자. 우리 사회에는 '나쁜 행동을 하는 아이는 무섭게 혼내서 따끔하게 버릇을 고쳐야 한다'는 통념이 있다. 훈육할 때도 "너 혼 좀 나봐야 정신 차릴래?"라는 말로 아이를 혼내왔다. 하지만 그렇게 해서 무엇이 남았는가? '혼나다'는 '매우 놀라거나 힘들거나 시련을 당하거나 하여서 정신이 빠질 지경에 이르다'는 뜻이다. 결국 '혼낸다'는 것은 혼이 나오게 하는 것인데, 혼이 나간 상태에서 바르게 생각하고 행동하기란 불가능하지 않겠는가.

지금까지 내가 한 훈육에 따뜻함이 있었는지 생각해보자. 엄격하고 단호한 훈육도 성공하는 사람이 있고 실패하는 사람이 있다. 방식은 똑같을지라도 정서적 태도가 전혀 달랐기 때문이다. 똑같은 훈육이었는데 어떤 아이는 울먹이더라도 "고맙습니다"라고 말하고, 어떤 아이는 입으로는 "잘못했습니다"를 말하지만 눈빛은 '언젠가 복수할 거야'라고 말하고 있다. 따뜻함이 빠진 자리에 냉정함과 차가움과 비난과 경멸이 있었다면 아이의 마음에 남는 것은 확연히 다르다.

훈육에서 엄마 아빠의 정서적 태도는 훈육 내용보다 더 중요할 수 있다. 엄마 아빠가 하는 말 한마디 한마디에 틀린 내용이 뭐가 있겠는가? 하지만 훈육하는 태도가 따뜻하지 못하면 아이는 전혀 배울 수가 없다. 훈육이 성공하는 이유는 아이 마음을 움직였기 때문이다. '내가 진정하고 울음을 그치면 엄마에게 가서 포근히 안길 수 있겠구나. 그럼 이 힘든 마음에서 벗어나서 편안해지겠구나'를 느꼈기 때문이다. 이런 마음의 과정을 거친 아이는 이제 정말 앞으로는 그러지 말아야겠다고, 다르게 행동해야겠다고 결심하게 된다.

훈육은 부모와 아이 모두에게 따뜻해야 한다

부모님께 혼나는 일 말고도 아이들에겐 속상한 일이 무척 많다. 유치원에서 친구가 같이 놀아주지 않으면 속상하고, 선생님이 무서운 목소리로 주의하라고 한 날이면 마음이 힘들다. 친구들이 다 한글을 읽는데 나만 아직 몰라도 아이는 마음이 힘들다. 그렇게 알게 모르게 힘든 시간을 겪는 아이에게 가장 필요한 것은 부모의 따뜻함이다. 아이에게 가르침을 주는 훈육과 상황대처 훈육일 때도 일관된 따뜻한 태도가 필요하다. 상대방이 따뜻하게 대해주면 가슴이 찡하고 눈물이 핑 돈다. 기대고 싶을 정도로 포근하고 고맙고 감사하다. 그런 마음이 드는 게 따뜻함이다.

최근 한 명문대 학생들의 커뮤니티에 '나도 저런 부모를 가졌으면 좋겠다'는 글들이 올라왔다. 고교생 가수로 활동하다 미국으로 유학 간, 미국 로스쿨 법학 박사 출신이며 변호사로 활동하고 있는 이소은 씨의 이야기이다. 그녀의 언니 또한 미국 줄리아드 음대에서 8년 연속 장학금을 받은 전설적 존재이자 세계적인 피아니스트로, 현재 오하이오 신시네티 음대에서 동양인 최초 피아노과 교수로 재직하고 있다. SBS의 〈영재발굴단〉 프로그램에서 그녀와 가족의 이야기를 재조명하면서 화제가 되었다.

사람들은 성공한 사람들의 성장 이야기를 들으면 감탄하고 부러워하면서도 한편으로 그럴 만큼의 조건과 환경이 있었다는 사실에 약간은 냉소적이 된다. 그런데 이소은 씨의 스토리에는 조금 다른 반응이다. 이미 명문대에 다니고 있고 그녀만큼의 역량을 가진 학생들이 왜 그녀의 부모님 같은 부모님을 갖고 싶어 할까?

이소은 씨의 어머니는 항상 그녀를 믿어주셨고, 그 어떤 것도 강요하지 않고 그녀의 선택을 지지해주셨다고 한다. 많은 말을 해주는 것이 아니라 곁에 있어주었고, 실패했을 때는 그로부터 무엇인가를 배울 수 있을 거라며 축하해주셨다고 한다.

부모님께서 두 딸에게 자주 하신 말씀은 속상한 과거는 잊어버리라는 말이었다. 늘 영어로 "Forget about it"이라고 말씀하셨다고 한다. 과거를 잊고 미래를 향해 걸어가라는 이 말이 참 색다르게 느껴진다. 우리는 늘 과거의 잘못에서 배워야 한다는 고정관념을 가지고 아이에게 반성하라고 요구해왔다. 일기를 써도 반성일기여야 했고, 편지를 써도 반성하는 편지를 써야 했다. 그런데 아이에게 지난 실수와 어려움은 잊으라고 했다니 분명 다른 관점을 가진 특별한 부모인 것 같다.

이소은 씨가 말하는 부모님에 대해 들어보니 지난 잘못을 끄집어내어 두고 두고 곱씹으며 아이를 다그치는 일반 부모와는 차원이 다르게 느껴진다. 로스쿨 1학년 때 인생 최악의 성적표인 꼴찌 성적을 받은 후 괴로워하는 딸에게 이소은 씨의 아버지가 보낸 편지를 보자.

자존심이 많이 상하는 결과일 테지만 아빠는 이번 학기에 네가 잘할 수 있을 거라 기대한 적이 없단다. 너에게는 더 많은 시간이 필요하다. 한 학기 지나고 또 한 학기가 지나면 더 나아질 거고, 1년이 지나면 아주 잘하기 시작할 걸로 생각한다.
아빠는 네가 창피해하거나 자학하지 않았으면 좋겠다. 어찌 보면 아주 당연한 이 결과로 실망하지도 마라. 아빠는 너의 모습 전부를 사랑하지, 한두 가지 것으로 사랑하지 않는다는 걸 명심해라.

《딴따라 소녀, 로스쿨 가다》 중에서

이소은 씨는 아버지의 편지에 대해 다음과 같이 말했다.

"아버지가 정말 따뜻하게 글을 써주고, 지지해주는 말과 편지를 자주 해줘서 외부에서 상처를 받더라고 깊게 오지 않았어요. 나를 진정으로 사랑하고 보호해주는 존재가 있다는 것만으로도 큰 위로를 받았습니다."

이소은 씨와 그녀의 언니가 기억하는 아버지의 따뜻함이 어려움 속에서도 즐겁게 최선을 다할 수 있게 한 힘이 되었음이 분명하다.

최근 또 다른 영상이 인터넷에서 화제가 되었다. 미국 미시간주 디트로이트의 한 무술학원에서 촬영된 영상이다. 한 소년이 사범의 구호에 맞춰 큰 소리로 기합을 넣으며 격파 송판을 향해 주먹을 날린다. 하지만 계속 실패한다. 여러 번 시도하다 겨우 한 번 성공하고 눈물을 터뜨리고 만다. 바로 이 지점에서 아이는 어른의 반응에 따라 진정할 수도 있고 폭발할 수도 있다.

사범님은 바로 소년에게 왜 눈물이 나는지를 묻는다. 사범님의 태도가 참 따뜻하고 든든하게 느껴진다. 이 대화를 통해 훈육의 따뜻함을 배워보기로 하자. 스승과 소년의 대화 분위기를 알기 위해 영어를 그대로 옮겨본다. (참조: SBS 영상Pick. 무술 선생님의 따뜻한 가르침)

왜 울었니?	Why are you crying?
울어도 괜찮아.	It's okay to cry.
남자도 울 수 있어.	We cry as men.
왜 눈물이 났는지 나에게 설명해주겠니? (옆에 서서 말하던 사범님은 좀 더 아이 쪽으로 다가가 한쪽 무릎을 굽히고 눈높이를 맞추어 안정적인 목소리로 계속 이야기한다.)	Why are you crying though son? Come on. Tell me. Why are you crying? It's called a test for reason… but why are you crying? Go ahead son. Because what?
왼손으로 격파하는 게 잘 안 돼서 울었어요.	Because it is hard to punch through with my left hand.
그래, 좋아. 그런데 예전에는 왼손으로도 잘했었잖아.	Okay good, but you did it though.You punched through it with you left before.

앞으로 삶을 살아가면서 지금처럼 해내지 못할 일들이 많아질 것 같지?	You know in life there're going to be things harder for you to do than other things?
네, 선생님.	Yes, sir.
정말 해내지 못할 것 같은 일이라도, 남자라서 묵묵히 해야 할 것 같지? 그럴 때 네가 흘리는 땀과 눈물이 다 해낼 수 있도록 도와줄 거야.	And do you know those things that may appear to be hard to do you're going to have to do as a man regardless? and your sweat(diligence) to break through it.
이해하겠니?	Do you understand?
네, 선생님.	Yes, sir.
그래서 나는 네가 우는 걸 전혀 상관하지 않아. 나도 때때로 운단다. 알겠니?	So I don't mind you crying , I cry too. You understand?
나는 네가 너 자신을 믿었으면 좋겠다.	So I want you to just to you're pulling your blow.
네가 두려움을 가지고, 이 일을 해낼 수 없다고 생각할 수도 있단다.	I don't know if you're facing fear or you feeling that you may not make it.
우리는 모두 때때로 그렇지. 무언가 우리를 막고 있을 때, 우리는 당연히 멈추고 싶겠지? 그것을 헤쳐나가려면 고통이 따르니까. (사범님은 마치 장단을 맞추듯이 송판을 가볍게 두드리며 아이에게 계속 말씀하신다.)	And We all face that from time to time. As soon as we hit resistance we want to stop right? Because it's hurting, we feel that pain and be like I'm not going through this no more, right?
네, 선생님.	Yes, sir.

그렇지만 우리는 피하지 말고 맞서야 한단다. (이 순간에 사범님은 송판을 세게 쳐서 격파하며 말씀하신다.) 그게 때로는 고통스럽더라도 말이야.	But we have to fight through it as men. Because it's going to be very painful.
이해하겠니?	Do you understand?
네, 선생님!	Yes, sir.

    사범님의 따뜻한 훈육이 끝나고 아이는 다시 힘차게 기합을 넣으며 송판 격파에 성공한다. 아이와 사범님은 뜨거운 악수를 나눈다. 흥미로운 것은 사범님이 아이에게 가르치고 깨닫는 훈육을 하는 동안 주변에 앉아 있던 아이들이 미동도 하지 않고 함께 그 시간에 머물렀다는 사실이다. 송판을 들고 있던 코치조차도 그 자리에 계속 서서 사범님과 아이의 대화를 들으며 훈육의 시간을 함께했다. 아이 한 명을 데리고 훈육했지만, 그 자리에 있는 모든 아이에게 뜨거운 가르침을 전한 훈육이었다. 선생님이 보여준 따뜻함은 보는 모든 사람의 가슴을 뜨겁게 만든다. 사람은 따뜻함으로 움직임을 다시 확인한다.

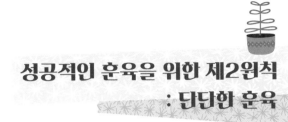

성공적인 훈육을 위한 제2원칙
: 단단한 훈육

"안 돼!", "하지 마."

이 말에 대해 어떻게 생각하는가? 혹시라도 이 말을 아이에게 하면 안 될 것 같은 느낌을 받는다면, 이렇게 말해놓고 잘못한 것 같아 마음이 아프다면, 왠지 나쁜 엄마인 것 같고 아이를 존중하거나 배려할 줄 모르는 엄마라는 느낌이 든다면 당신은 훈육에 종종 실패한 사람임이 틀림없다.

민주적인 엄마가 되어야 하고, 아이를 배려하고 존중하는 부모가 되어야 한다는 개념이 우리 사회 속으로 들어온 지 채 20년이 되지 않는다. 교육제도가 바뀌고, 창의성을 강조하는 사회적 분위기와 맞물리면서 민주적인 부모가 가장 바람직하다는 가르침을 받아왔다. 그래서 강압적인 분위기가 주를 이루던 양육태도에서 민주적인 양육으로 전환하기 위해 대부분 부모, 특히 엄마들이 정말 많이 애를 썼다.

그런데 강압적인 태도가 나쁜 줄은 알지만, 민주적인 것과 허용적인 것을 구분하기가 쉽지 않다는 문제가 발생했다. 그리고 아이를 단단하게 가르치는 태도 자체가 아이의 기를 꺾는 일이며 자존감에 해가 될 거라는 잘못된 선입견도 생겼다.

그래서 가르쳐야 할 때 가르치지 못하고, 고집을 꺾어야 할 때 꺾지 못한 채 아이에게 질질 끌려가는 부모가 많아졌다. TV를 틀면 연예인들이 나와서 육아 에피소드를 얘기한다. 우려스러운 건 드러누워 떼쓰는 아이에게는 절대 당해낼 수가 없다는 말을 우스갯소리처럼 하면서 마치 아이의 그런 태도는 어쩔 수 없다는 인식을 만드는 것이다. 그래서 훈육이 점점 더 어려워지고 있는지도 모른다. 안 된다고 해야 할 때 그 말을 못했다면, 왠지 말하기가 불편하다면, 이제 민주적인 태도와 허용적인 태도를 제대로 구분해서 쉽고, 안전하고, 효과적으로 훈육하는 방법을 고민해봐야 한다.

민주적인 부모의 대표적 태도는 아이의 의견을 존중하는 것이다. 당연히 부모로서 필요한 태도이다. 그런데 아이의 의견을 물어서 결정해야 할 것과 무조건 따라야 할 것을 가르치는 것은 전혀 다른 문제이다. 전철을 탈 때도, 놀이터에서 놀 때도, 급식을 먹을 때도 차례로 줄을 서서 기다려야 하는 것은 당연히 지켜야 할 것이다. 그러니 그네를 타겠다고 줄은 선 아이에게 "기다릴 수 있겠어?"라거나 "기다리기 싫지?"라는 어설픈 말로 아이 마음을 읽어주는 척 가짜 공감은 하지 말자. 힘든 마음을 알아주는 정도면 충분하다.

단호한 훈육이 아니라 단단한 훈육으로

지켜야 할 것은 아주 단단하게 가르쳐야 한다. 단단하게 가르친다고 해서 무섭게 두 눈으로 레이저를 쏘면서 말하는 것으로 혼동해선 안 된다. 여기서 우리가 흔히 말하는 단호한 훈육에 대해 짚고 넘어가야겠다. 언어는 그 의미를 결정한다. 우리가 사용하는 단어는 그 내용에 분명히 영향을 미친다. 훈육은 학대나 폭력이 아니라 엄격하고 단호한 가르침이라는 말을 자주 듣는다. 그런데 단호하게 훈육하다 보면 대부분 부모는 단호함을 넘어 차갑고 냉정하며 매몰차고 무서운 태도를 보이게 된다.

사실 '단호하다'는 단어의 의미에 그런 내용이 들어 있다. '단호함'이란 '과단성 있고 엄격하며 딱 잘라서 결정한 대로 밀고 나가는 것'이니 단호함을 실천하는 모습은 그런 모습을 띨 수밖에 없다. 부모가 과단성 있게, 딱 잘라서, 결정한 대로 밀고 나가니 아이는 꼼짝없이 당하게 된다. 배우고 깨달을 여지는 남아 있지 않은 느낌이다. 그래서 아무리 단호하게 해도 효과는 없고 아이가 겁먹은 모습만 자주 보게 되었다.

이제 용어를 다르게 쓸 것을 제안한다. '단호함'이 아니라 '단단함'으로 바꾸어야 한다. '단단함'이란 '어떤 힘을 받아도 그 모양이 부서지거나 변형되지 않고 유지되는 것'을 말한다. 아이에게 꼭 가르쳐야 할 것들은 단단하게 가르쳐야 한다. 아이가 아무리 울거나 폭력적인 행동을 해도 단단하게 먹은 마음 부서지지 않고 잘 배울 수 있도록 아이의 공격을 단단하게 버텨내야 한다. 때로는 아이가 안쓰럽고 미안한 마음도 들고 그저 보듬어주고 싶은 유혹이 든다 해도, 부모의 마음 또한 변형되지 않도록 잘 지켜내야 한다는 의미이다. 그러니 단호한 훈육이 아니라 단단한 훈육으로 바꾸어야 한다.

· 단호하다 : 결심이나 태도, 입장 따위가 과단성 있고 엄격하다.
· 과단성 : 일을 딱 잘라서 결정하는 성질.
· 단단하다 : 어떤 힘을 받아도 쉽게 그 모양이 변하거나 부서지지 아니하는 상태에 있다.

　권위 있게 단단하게 말해보자. 아이를 감싸 안고 부드럽게 바라보며 내용만 단단하게 전하면 된다. 권위 있게 단단하게 말하는 것이 어떤 건지 감이 잡히지 않으면 아주 쉬운 방법이 있다. '훈육할 때 말하는 태도 3원칙'만 지키면 된다.

① 목소리 톤(높이)을 낮춘다.
② 목소리 볼륨(크기)을 작게 한다.
③ 속도를 느리게 말한다.

이 세 가지만 지켜도 아이 귀에 쏙 들리게 말할 수 있다. 한번 연습해보자.

• • •

기다릴 줄 알아야 해. 힘들어도 모두 기다리고 있어. 너도 잘하게 될 거야.
그렇게 자라나는 거란다. 엄마가 손잡고 함께 기다려줄게.

이 정도면 충분하다. 아이는 여전히 기다리기 힘들어 온몸을 비틀고 징징거리겠지만, 그 또한 아이도 기다리려 노력하고 있는 것임을 알아야 한다. 기다리기 힘든 마음도 있고, 기다려야 한다는 생각에 기다리려 노력하는 마음도 있다. 어느 마음을 읽어줄 것인가?

• • •

힘든 데도 잘 참고 있구나. 정말 잘하고 있어. 잘해낼 거라 믿어.
기다려야 해. 힘들지만 조금씩 익숙해질 거야. 잘하고 있어.
엄마도 처음엔 힘들었지만 이제 잘 기다린단다. 너도 그렇게 될 거야.

혹시 아이가 "왜 기다려야 해요?"라고 묻는다면 이렇게 말해주어야 한다.

• • •

모두 자기 차례가 오길 기다리고 있어. 대단하지 않니? 저 많은 사람이 모두 기다릴 줄 안다는 사실이. 모두 처음엔 너처럼 힘들어하지만 아주 잘 배우게 된단다. 동물이라면 먼저 하겠다고 싸우겠지만, 사람은 그렇게 하지 않아. 너도 멋지게 기다릴 수 있어.

아이의 의견을 존중해서 "어떻게 할 거야?"라고 물어야 할 때가 있다. 아이의 선택을 존중하는 말은 아주 좋은 대화법이다. 그런데 어떤 말이든 말은 적재적소에 쓰여야 한다. 도덕과 인성은 앞으로 살아가면서 꼭 배워야 하는 것들이다. 그런 가르침에는 '꼭 해야 한다'와 '하면 절대 안 된다'는 말을 사용해야 한다.

잠투정이 심한 아이 1. 안고 서서 재워야 하는 아이

단단하게 훈육한다는 개념을 마음에 담고 하은이의 훈육 과정을 한번 지켜보자. 28개월 하은이는 잠투정이 심한 아이다. 잠잘 때마다 안고 일어서서 왔다 갔다 돌아다니라고 요구했다. 팔과 어깨의 통증이 심해진 엄마는 이제 훈육으로 아이의 습관을 바꾸어야겠다고 결심했다. 안아달라고 울기 시작하면 그 마음은 다독여주고 안 되는 이유를 설명하고 소파에 앉아서 재워보기로 마음먹었다. 아니나 다를까, 잠잘 시간이 다가오니 하은이는 안아달라고 보채기 시작했다.

아이에게 다가가 앉은자리에서 안아주며 말한다. "엄마가 안아주면 좋겠구나. 엄마가 네 마음 다 알아." 이렇게 다독이며 엄마의 상황을 설명해준다. "엄마가 팔이 아파. 안고 일어설 수가 없어. 대신 소파에 앉아서 안아줄 수는 있어." 따뜻하게 아이의 마음을 알아주고, 들어줄 수 없는 상황임도 말한다.

당연히 한 번에 성공할 리가 없다. 아이는 징징거리며 울기 시작한다. 이제 엄마는 소파로 돌아와 앉아서 말했다. 무섭지 않게 담담하게 말한다. "엄마 못 일어나. 소파에 앉아서는 안아줄 수 있어. 안기고 싶으면 울음 그치고 엄마에게 와." 하지만 하은이는 앉은 자리에서 큰 소리로 울기 시작한다. 그야말로 울며 떼쓰기의 정점을 보여준다.

울다 숨을 껄떡이는 모습을 보자니 안아주는 게 낫겠다는 생각이 들기도 했지만, 이번에야말로 악순환을 끊고자 마음을 다잡았다. 아이의 울음소리가 커졌다 작아졌다 하며 리듬을 타기 시작한다. 소리가 조금 작아질 때 엄마는 빨리 말했다. "울지 않고 엄마에게 오면 앉아서 안아줄게." 그렇게 말하고 담담한 표정으로 아이를 바라보았다. 그랬더니 아이가 더 크게 울면서 다가온다.

"안 돼. 울음 그치면 안아준다고 했어"라고 말하며 다가오는 아이 몸을 들어 다시 제자리로 갖다놓았다. 그랬더니 더 운다. 다시 두 번 더 똑같이 말했다. "울지 않고 엄마에게 오면 앉아서 안아줄게." 20분 정도 지나니 울음소리가 작아지고 훌쩍임이 잦아든다. 겨우 울음을 멈추고 엄마를 쳐다본다. 때를 놓치지 않고 엄마가 말해주었다.

"그래, 잘했어. 이제 엄마한테 와."

엄마의 무릎에 올라온 하은이의 눈물을 닦아주고, "억지 부리면 안 돼. 안 되는 건 안 되는 거야"라고 말해주었다. 훌쩍이며 하은이는 고개를 끄덕인다. 그리고 엄마는 평소에 하던 대로 "사랑해. 하늘만큼 땅만큼 사랑해"라며 등을 쓸어주고 품에 꼬옥 안아준다. 하은이는 엄마 품에 안겨 잠이 들었다. 잠든 하은이를 잠자리에 눕히면서 뭔가 희망을 본 것 같다.

엄마는 남편이 퇴근하자 승전보를 알린다.

"여보, 성공했어. 앉아서 안고 잠들었어. 정말 가능해!"

하은이의 훈육이 성공할 수 있었던 이유는 무엇일까? 엄마의 태도와 눈빛과 말투에서 답을 찾을 수 있다. 목소리 톤을 낮추고 크기를 작게 해서 느리게 말하는 3원칙을 지켰다. 또한, 따뜻하게 아이 마음에 공감해주었다. 그리고 안 되는 건 안 된다고 간결하고 명확하게 말했다. 엄마는 감정이 폭발하지 않았으며, 이성적으로 훈육의 과정을 진행해갈 수 있었다. 아이를 관찰하며 울음소리 정도에 따라 아이가 들을 수 있을 때 말했고, 울며 엄마에게 다가오는 아이를 안아서 다시 앉았던 자리로 옮겨놓으며 행동의 한계선을 분명하게 보여주었다.

만약 하은이가 드러누워 뒹굴거나 물건을 집어 던지는 행동을 해도 마찬가지로 대응하면 된다. 다만 던질 수 있는 물건은 아이 주변에서 치워놓고 말해야 한다. "물건 던지는 것도 안 돼. 아무리 던져도 엄마는 너를 안아줄 수가 없어"라고 말해주어야 한다. 혹시 아빠가 있어 아이 울리는 걸 반대하거나, 조부모님이 함께 산다면 미리 양해를 구하는 것이 좋다.

완전히 하은이의 잠자리 습관이 바뀔 때까지는 몇 번 더 비슷한 훈육 과정이 필요했다. 하은이는 약간 예민한 기질이라 엄마의 세심함이 조금 더 필요하긴 했지만, 성공적으로 잠투정을 조절해갈 수 있었다. 훈육하기 위해 중요한 것은 훈육을 진행하는 엄마의 정서적 태도이다. 엄마의 태도에 따라 훈육의 성공 여부가 달라진다. 아이의 문제행동은 좋은 훈육의 과정을 거치면 분명히 바뀔 수 있다. 그것을 믿고 단단하게 훈육해야 한다.

잠투정이 심한 아이2. 이것저것 요구가 많은 아이

아이의 잠투정은 훈육으로 고치기 매우 어려운 습관이다. 장난감을 사달라고 떼쓸 때가 더 쉽다고 느껴질 정도로 대책 없이 힘든 경우가 많다. 하지만 단단함과 따뜻함으로 진행하는 훈육에선 성공하는 경우가 더 많다.

32개월 시원이는 잘 놀다가도 잠투정을 시작해서 엄마를 한계에 부딪히게 했다. 두세 달 전부터 무엇 때문인지 아이의 잠투정이 시작되었다. 우유 달라, 물 달라, 앉아라, 일어서라, 책 읽어달라 등을 요구하다가 결국엔 안아서 밖으로 나가자고 졸랐다. 더 큰 문제는 이 엄청난 요구사항을 다 들어주어도 투정이 계속될 뿐 아니라 울음소리가 점점 더 커진다는 것이었다. 아무리 생각해도 이유 없는 반항으로밖에 보이지 않았다.

두세 달 시달리던 엄마는 결심하고 훈육을 시작했다. 결론부터 말하면 딱 3일 훈육하고 잠투정을 고쳤다. 몇 시간씩 울며 보챘던 것과 이것저것 해달라며 요구하던 것도 확연히 줄었다. 여전히 징징거리고 투정을 부렸지만 10~20분 정도 책을 읽어주고 다독여주면 잠이 들었다. 시원이 엄마가 어떻게 훈육했는지 한번 살펴보자.

일단 낮부터 훈육을 위한 준비에 들어갔다.

"밤에 잘 때 울면 안 돼. 엄마가 책 읽어주고 토닥토닥 해줄 거야. 그러면 코 자는 거야. 알았지? 울면서 우유 달라고 하면 안 돼. 약속!"

시원이는 손가락 걸고 약속한다. 이제 밤이 되었다. 시원이의 잠투정이 시작됐다.

"엄마가 울면 안 된다고 했지? 울지 마. 울면 책도 안 읽어줘. 계속 울면 엄마가 거실에 나갔다가 울음을 그치면 들어올 거야." 이렇게 말해도 시원이가 계속 울자 엄마는 거실로 나가서 문을 열어둔 채 아이가 보이는 곳에 자리 잡고 앉았다.

분명하고 단단한 목소리로 다시 명확하게 아이가 해야 할 행동을 말했다.

"울음 그쳐."(×3)

"울지 말고 '엄마 책 읽어주세요'라고 말해."(×3)

아이는 토할 것처럼 꺽꺽거리며 운다. 당연히 엄마가 있는 거실로 따라나온다.

엄마는 아이를 안아서 다시 제자리에 데려다 놓고 거실로 돌아와 똑같이 말했다. 이러기를 또 20분. 두 번 더 울면서 밖으로 나온 아이를 들어서 방으로 옮겨놓았고, 아이는 중간중간 비명에 가까운 소리를 질렀다. 그러다가 "엄마 미워! 엄마가 조용히 해!"라고 외치며 최후의 발악을 한다. 하지만 엄마는 계속 말한다.

"울음 그쳐."(×3)

"울지 말고 '엄마 안아주세요'라고 말해."(×10)

한참을 그러고 있자 아이는 울면서 무슨 말을 하기 시작한다. 잘 들어보니 "이제 안 울 거야"라며 울먹이며 말한다.

"그래, 잘했어. 이제 울음을 멈춰. 잘하고 있어. 엄마처럼 숨을 크게 들이쉬는 거야. 하나, 들이쉬고, 둘, 내쉬고. 엄마 따라 하세요."

어느새 아이는 엄마 따라 숨을 쉬며 마음을 진정시켰다.

"이제 엄마한테 말하세요. 엄마 책 읽어주세요."

아이는 작지만 또박또박 말한다.

"엄마, 책 읽어주세요."

엄마는 아이에게 다가가 엄마 옆에 앉으라고 말한다. 그리고 엄마에게 다가온 아이를 따뜻하게 안아주며 말한다.

"아주 잘했어. 정말 잘했어. 이렇게 하는 거야. 너무너무 잘했어. 훌륭해. 잘해낼 줄 알았어. 내일부턴 잠잘 때 '엄마 졸려요. 책 읽어주세요'라고 할 수 있지?"

"네."

"연습해보자."

"엄마 졸려요. 책 읽어주세요."

"약속할까?"

"네."

"정말 멋지고 너무너무 잘했어."

시원이의 잠투정은 이렇게 바로 달라지기 시작했다. 그런데 착각은 하지 말기 바란다. 한 번 훈육이 성공했다고 아이가 갑자기 180도 달라지는 건 아니다. 다음 날도 비슷하게 잠투정을 시작할 것이다. 하지만 엄마 아빠가 똑같이 '단단하고 따뜻한' 훈육 태도를 유지한다면 그 시간은 10분으로 줄어들 것이다. 그리고 날마다 하던 잠투정이 일주일에 서너 번으로, 점차 일주일에 한두 번으로 줄어든다.

문제행동이 수정되어가는 과정은 대부분 비슷하다. 그러니 중간중간 부모의 따뜻하고 단단한 훈육은 계속 필요하다. 훈육이 효과를 발휘하는 순간의 기쁨을 꼭 느껴보기 바란다. 너무 뿌듯해서 부모 역할도 할 만하다고 느끼게 될 것이다. 따뜻하고 단단한 훈육은 부모와 아이 모두를 변화하게 한다는 사실을 기억하기 바란다.

성공적인 훈육을 위한 제3원칙
: 깨닫는 훈육

부모는 아이에게 수많은 설명과 충고와 훈계를 해왔다. 아이는 그중에서 몇 가지나 자기 인생의 깨달음으로 채택했을까? 훈계했음에도 특정 행동이 달라지지 않았다면 아이에게 그것에 대한 어떤 깨달음도 없었다는 의미다.

엄마 아빠 입에서 주옥같은 충고와 훈계가 방출되었지만, 아이에게 닿는 순간 아이 마음속에 들어가지 못한 채 사그라지는 것을 수없이 보았다. 오늘도 아이에게 "내가 몇 번이나 말했잖아!"를 외치고 있다면 가르치는 훈육의 궁극적 목표인 '깨달음'에는 미치지 못했다는 의미가 된다. 아이는 어떻게 하는 것이 옳은 것인지 머리로는 알지만 깨닫지 못한 것이다.

깨달음이란 옳고 그름에 대한 설명만으로는 부족하다. 부모는 아이가 깨달을 수 있도록 도움을 주어야 한다. 6살 윤서의 이야기를 통해 '깨닫는 훈육'에 대해 생각해보자.

점점 행동이 과격해지는 아이

6살 윤서는 영어유치원에 다닌다. 영어를 잘 배우지 못했다는 한이 있는 엄마는 어떻게든 자식만은 영어를 잘하게 해주고 싶은 마음에 윤서를 영어유치원에 보냈다. 영어유치원에서는 날마다 숙제가 나왔다. 영어 잘하는 아이로 키우고 싶은 마음에 큰 결심하고 영어유치원에 보냈건만, 유창하게 영어를 잘하는 아이의 모습을 보기보다는 숙제하기 싫어하는 모습만 보았다. 게다가 아이는 점점 더 영어가 싫다고 말하고 있었다.

그러다 보니 엄마는 윤서에게 자주 소리를 지른다. 엄마는 윤서가 숙제하다가 틀리거나 조금만 엉뚱한 짓을 해도 참기 힘들었다. 소리 지르며 한참 혼내고선 마음이 아파 울기도 많이 울었다. 엄마의 왔다 갔다 하는 태도에 윤서의 행동은 점점 더 과격해졌다. 엄마를 때리고 발로 차기도 했다. 게다가 이제 조금 있으면 남동생이 태어나는데 엄마 배가 불러오기 시작하자 이젠 엄마 배를 때리기도 했다.

이런 변화를 빨리 알아차리지 못했던 엄마는 윤서가 배를 때리며 "죽어버렸으면 좋겠어"라는 말을 내뱉기 시작하자 심각성을 깨달았다. 그제야 윤서의 행동을 다시 생각해보았다. 사실, 동생이 생겨서 그런 것만은 아니었다. 엄마 뱃속에 동생이 있다는 사실을 알기 전부터도 투정과 어리광이 많았으며, 기분이 나쁘면 머리를 벽에 쿵쿵 박기도 하고 엄마를 때리고 있었다는 사실을 그제야 확실히 알게 되었다. 엄마는 이제 그 모든 원인이 자신에게 있다고 생각한다.

"제가 너무 무섭게 훈육해서 그런 것 같아요. 아이가 저를 괴물같이 느낄 것 같아요. 제가 갑자기 버럭 하는 경우가 있거든요. 자주 때리지는 않았어요. 만 3살 될 무렵에 소변을 잘 못 가려서 엉덩이를 몇 번 때리긴 했어요. 그 이후에는 때리지 않았어요. 하지만 혼낼 때마다 "너 한 번만 더 그러면 맞는다!"라고 소리 질렀고, 그럴 때마다 아이가 많이 울었어요. 그런 것 때문에 아이가 지금 이렇게 변한 것 같아요."

엄마는 제발 윤서가 달라지기를 바란다. 동생을 기쁜 마음으로 받아들이게 되기를 원한다. 유치원에서 친구들과 잘 사귀고, 즐겁게 공부하는 아이가 되기 바란다. 그리고 윤서와 친구 같은 엄마로 행복하게 잘 지내고 싶다. 하지만 지금의 엄마는 윤서가 조금만 잘못해도 참지 못하고 소리를 질렀다.

"전 사람 그리는 거 싫어요. 안 그려봤어요. 못 그리니까 안 그릴래요."

"전 배우는 게 싫어요. 5살 때는 쉬운 거 배웠는데 타임머신 타고 그때로 가고 싶어요. 점점 공부가 많아져서 부담돼요. 제가 못하면 엄마가 화내요. 그래서 전 공부할 때 울어요. 그런데 많이 울면 엄마가 저한테 화 안 내려고 노력하는 것 같아요."

아이의 슬픔과 원망이 쌓이고 쌓여 폭발할 수밖에 없었구나 하는 생각이 들었다. 훈육이 성공하기 위해서는 아이의 삶을 점검해보아야 한다. 아이가 하고 싶은 건 못하게 하고, 하면 안 되는 것만 알려주고, 싫은 걸 억지로 하게 하는 건 분명 아이에게 엄청난 스트레스다.

엄마의 훈육 태도를 바꾸기 위해서는 먼저 엄마가 윤서에게 바라는 것이 무엇인지, 그리고 윤서의 실제 생활은 어떠한지 점검해보아야 했다. 엄마의 바람은 이렇다. 윤서가 태어날 동생을 잘 이해해주기를 바란다. 엄마가 친구 같은 엄마일 때도 있고 혼내는 엄마일 때도 있지만, 두 가지 모두 윤서를 사랑해서 그렇다는 걸 알아주기 바란다. 그리고 윤서가 유치원에 즐겁게 다니고, 영어 공부도 적극적으로 해주기를 바란다. 한 가지 더 바라는 게 있다면 유치원에서 윤서를 소외시키는 친구들에게 당당하게 대처하는 아이가 되기를 바란다. 그에 비해 윤서가 엄마에게 바라는 건 좀 더 단순했다. 윤서는 엄마가 소리 지르지 않기를 바란다. 엄마가 혼내지 않고 잘 놀아주기를 바란다.

엄마의 바람	윤서의 바람
① 태어날 동생을 잘 이해해주기 ② 사랑하기 때문에 혼낸다는 걸 알아주기 ③ 유치원에 즐겁게 다니기 ④ 영어 공부도 적극적으로 열심히 하기 ⑤ 친구 갈등에 잘 대처하기	① 엄마가 소리 지르지 않기 ② 엄마가 혼내지 않고 잘 놀아주기

좀 더 이해를 잘하기 위해 표로 만들어 살펴보았다. 엄마의 바람이 얼마나 간절한지는 충분히 공감된다. 엄마의 바람을 실현하기 위해서 이제 아이 마음을 들여다보자. 아이가 바라는 것에 비해 문제행동의 수위가 매우 높다. 윤서가 생각하는 바람은 엄마가 소리 지르지 않고 혼내지 않고 잘 놀아주는 것뿐이다. 이것 때문에 그렇게 심각한 문제행동을 일으키고 있다는 말이 된다.

엄마가 혼내고 소리 좀 질렀기로서니 이렇게까지 하는 건 이상하다. 아이 마음에서 어떤 일이 벌어지고 있는지 좀 더 살펴보기로 했다.

"유치원에서 제일 힘든 점이 뭐야?"

"전 친구가 하자고 하면 싫어도 말을 못해요."

"왜 못했어?"

"영어로만 말해야 해요. 생각이 안 나요."

"그럼 같이 놀고 싶을 때는 어떻게 말해?"

"말 안 해요."

"왜?"

"그것도 기억이 안 나요."

"그럼 한국말로 하면 되잖아?"

"한국말로 하면 안 돼요. 절대 안 돼요. 전에 어떤 친구가 한국말로 해서 혼났어요."

영어유치원에서 윤서가 어떤 마음으로 지낼지 상상이 된다. 친구관계에서 가장 기본적인 표현도 하지 못한 채 이끌려갈 수밖에 없었던 윤서에게 영어유치원은 즐겁기보다 힘든 곳임이 분명하다. 게다가 유치원에서의 스트레스를 집에 와서 엄마와 놀며 풀어야 하는데 전혀 그러지 못했다. 오히려 엄마는 아이가 유치원에서 제대로 표현하지 못하고 친구에게 끌려다니는 것만 같아 화만 낼 뿐이다. 윤서의 속사정을 엄마에게 들려주었더니 엄마는 의아하다고 한다.

"그 정도 말은 충분히 할 수 있는 실력인데 왜 말을 못할까요?"

엄마는 벌써 영어유치원에 다닌 지 1년 반을 넘어가고 있으니 같이 놀자는 말 정도는 충분히 알 거라고 생각했다. 다시 윤서에게 물어보았다. "'Let's play together!'이라고 말하면 어떨까?" 윤서는 "아, 맞다. 근데 기억이 안 났어요"라고 말한다.

이 상황을 이해해보자. 친구에게 말하기가 망설여지고 거절당할까 봐 불안하다. 그러니 아는 말도 까먹고 생각이 나지 않는 것이다. 원래 에너지가 많고 힘이 있는 아이인데 친구 사이에서 전혀 자기 능력을 펼치지 못하고 있었다. 이번엔 엄마와 갈등이 있던 사건으로 윤서와 대화를 나누어보았다.

"엄마랑 있을 때는 뭐가 힘들어?"

"선생님, 엄마가 나랑 싸우지 않으려고 노력하는데 그래도 자주 화를 내요. 얼마 전에는 엄마가 화내서 제가 울었어요. 이 닦게 누우라는데 제가 안 누우니까 엄마가 막 화냈어요. 놀고 있는데 누우라고 하니까 누울 수가 없잖아요."

"넌 무슨 말을 하고 싶었어?"

"조금 놀다가 나중에 닦을게요."

"그 말을 왜 못했어?"

"말해도 되는지 몰랐어요."

"그럼 말하기 연습해볼까?"

"네."

• • •

"윤서야. 이 닦게 빨리 누워."

• • •

"조금 더 놀다가 나중에 닦을게요."

• • •

"지금 빨리 닦고 끝내."

● ● ●

"엄마가 닦아주지 말고 제가 나중에 닦을게요."

● ● ●

"네가 혼자 제대로 못 닦잖아."

● ● ●

"유치원에서도 제가 닦아요."

● ● ●

"유치원에서 제대로 못 닦았잖아. 저녁엔 엄마가 제대로 닦아줘야 이가 안 썩지."

● ● ●

…….

역할극을 했더니 윤서의 말문이 탁 막힌다. 날마다 윤서는 이런 상황이었다. 엄마 말에 틀린 말이 하나도 없으니 몇 마디 자기 생각을 말해보다가 결국엔 진다. 이렇게 쌓인 스트레스가 어느 순간 폭발하면 엄마를 발로 차고, 동생이 죽어버렸으면 좋겠다고 외치게 만드는 것이다.

윤서가 달라진 이유가 또 있다. 엄마의 말에 의하면 4살까지는 그림 그리기를 좋아했다고 한다. 그런데 언젠가부터 갑자기 그리기를 딱 멈추었다. "그림 그리기를 언제부터 싫어하게 되었어?" 하고 물었더니 이렇게 말한다. "엄마가 내 그림이 이상하다고 했어요." 엄마는 이제 기억도 못하는 무심코 던진 말에 아이는 상처받고 그림 그리기를 싫어하게 되었던 것이다.

4살밖에 안 된 아이가 그림을 그리지 않겠다고 한번 결심했다고 3년 동안이나 그림을 그리지 않았다니 어쩌면 이해하기 어려울 것이다. 그런데 4살이면 서서히 자아가 형성되기 시작하는 시점이다. '이건 좋은 거야. 이건 나쁜 거야. 이건 절대 하면 안 돼'라는 걸 배우고 하나씩 자신의 가치관으로 만들기 시작한다. 그 순간 정말 창피하고 자존심이 상했다면 4살 아이도 그림을 그리지 말아야겠다고 결심하게 되는 것이다. 엄마는 아이가 더 열심히 그려주기를 바라는 마음에 한 말이었는데 얼마나 어처구니없는 결과인가.

이제 윤서에 대한 이해가 어느 정도 되었다면 윤서를 달라지게 하기 위한 훈육을 시작해보자. 가르침의 핵심은 '기억하게 하는 것'이 아니라, 아이가 '깨닫도록 도와주는 것'이다. "깊게 마음을 먹었어요. 중대한 결심을 했어요"라고 말할 정도로 아이들이 변화할 수 있었던 것은 바로 깨달음이 있었기 때문이다. 동생에 대한 부정적인 생각도 새로운 깨달음이 있으면 달라질 수 있다. 아무리 동생이 널 괴롭히지 않을 거라고 설명해도 아이 마음은 달라지지 않는다. 이제 차근차근 윤서가 동생에 대한 새로운 깨달음을 얻도록 도와주어야 한다.

태어날 동생을 미워하는 아이

"윤서는 동생이 생기면 어떨 것 같아?"

"전 동생이 태어나면 폭발할 거라 말했어요. 전 남동생이 싫어요. 동생이 울면 제 방으로 가서 문을 쾅 닫아버릴 거예요. 우는 건 시끄럽고 남동생은 어지럽힐 것 같아요. 어디다 장난감을 모아 놓고 동생은 그 안에서만 살라고 할 거예요."

"동생이 태어났는데 '아, 괜찮은 동생이구나'라는 생각이 들었어. 어떤 동생이면 그런 생각이 들까?"

"음, 개구쟁이 아닌 동생, 엄마 말 잘 듣고, 제 말도 잘 듣고, 만약 잘 듣는 동생이라면 저랑 같은 유치원에 다닐 거예요. 근데 전 동생에게 뽀뽀 안 할 거예요."

"왜?"

"개구쟁이고 절 괴롭힐 거니까."

"아, 동생이 태어나면 널 괴롭힐 거라 생각하는구나."

"네. 동생은 다 그렇다고 했어요."

"누가?"

"희수랑 수현이랑 친구들이 그랬어요. 남동생은 전부 말썽꾸러기라고. 안 태어나는 게 더 좋다고. 남동생은 누나 말 안 들어요. TV에서도 남동생은 전부 말썽꾸러기예요."

"선생님은 전혀 반대로 생각하는데 이상하다. 왜 그럴까? 아! 너 말 잘 듣는 남동생을 본 적이 없구나?"

"네."

"아, 그래서 그렇구나. 그럼 선생님이 새로운 걸 보여줘야겠네."

윤서에게는 지금 새로운 깨달음이 필요하다. 남동생이란 존재가 나를 괴롭히기 위해 태어나는 게 아니라 함께 재미있게 놀 수 있고, 때로는 든든한 존재가 될 수도 있다는 사실을 깨달아야 했다. 그렇지 않고서는 동생에 대한 윤서의 행동은 달라지지 않을 것이다. 새로운 깨달음을 위해 지금까지 윤서가 알던 것과 전혀 다른 동생의 모습을 보여주기로 했다.

KBS 2TV의 〈슈퍼맨이 돌아왔다〉에서 배우 이범수 씨의 딸 6살 소을이와 3살 다을이는 윤서에게 아주 좋은 롤모델이 될 수 있을 것 같은 생각이 들었다. 누나는 동생을 잘 보살피고 동생은 누나의 말을 잘 따르는 영상을 찾아서 보여 주었다. 영상에는 이런 모습들이 나온다.

　　계단을 오를 때 누나가 먼저 오르자 동생은 "누나, 같이 가"라며 누나를 찾는다. 누나가 시식코너에서 음료를 받아 마시자 거부감 없이 "누나, 나도"라며 따라 마신다. 누나가 김을 맛보면 "나도, 나도"라며 김을 먹고, 누나가 만두를 한 입 먹으면 또 따라서 만두를 먹는다. 어떤 음식인지 망설이지도 않고 그저 누나가 먹는 것은 뭐든지 따라 먹는다. 심지어 누나가 손에 든 찐빵을 먹으려다 뜨거워서 "아, 뜨거워"라고 하자 동생은 입에 대지도 않았으면서도 "앗, 뜨!"라며 누나를 따라 한다. 윤서가 생각했던 말 안 듣고 말썽부리는 남동생이 아니었다. 누나를 무척 좋아하고 누나가 하는 건 뭐든지 따라 하는 남동생을 처음으로 본 것이다.

　　"와! 동생이 누나 진짜 좋아하나 봐. 누나가 하는 건 뭐든지 따라 하네. 진짜 좋아하지 않으면 저러기 힘든데. 네가 보기엔 어때?"

　　"네. 그런 것 같아요. 또 있어요?"

　　재미를 들인 윤서는 더 보여 달라고 한다. 이번엔 누나가 동생을 잘 보살피는 장면을 골랐다. 중국집에 들어가서 식사를 주문하는 아빠에게 동생 다을이가 뭔가를 말한다.

　　"아미유 삐뿅?"

　　이 말을 아빠가 어떻게 알아듣겠는가? 그런데 누나는 척척 통역한다.

"짬뽕 안 맵냐고."

아빠도 알아듣지 못하는 말을 누나가 척척 알아듣고 아빠에게 통역해주는 장면이 윤서에겐 또 색다른 느낌이었나 보다.

"어떻게 아빠가 못 알아들어요?"

"그러게. 왜 그럴까?"

"자주 같이 못 노나 봐요. 누나랑 더 많이 같이 있으니까."

"아! 그렇겠다. 그래도 이 누나는 정말 대단한 것 같아. 선생님도 무슨 말인지 못 알아들었는데."

영상을 더 보았다. 둘이 놀다가 실수로 동생이 머리로 누나의 코를 박았다. 아량 넓은 누나라도 울음을 터뜨릴 수밖에 없었다. 그러자 동생도 울기 시작하며 이렇게 외친다. "누나, 내가 미안해. 누나, 내가 미안해." 몇 번을 더 그러자 누나는 아직 울면서도 "넌 안 울어도 돼"라고 말해준다. 동생은 계속 크게 울면서 "아냐, 내가 미안해서 그래"라고 말한다. 남매가 우는 장면은 여느 집과 똑같지만, 둘의 대화는 차원이 달랐다. 보고 있는 사람들 얼굴에 모두 미소가 떠오른다.

두 아이의 울음은 얼마 가지 않아 그쳤다. 누나가 동생을 안아주자 동생도 함께 누나를 안는다. 그리고 다시 개운해진 두 아이는 예쁜 표정으로 다음 놀이를 계속한다. 이렇게 예쁜 누나와 남동생 모습을 처음으로 본 윤서에게는 어떤 변화가 일어날까?

2주쯤 지나자 윤서 엄마가 와서 환하게 웃으며 말한다. 동생에 대한 태도가 신기하게도 달라졌다고. 전에는 엄마 배에 손대기도 싫어했는데 이젠 태동할 때 만져보라고 하면 손도 대고, 어떨 땐 뽀뽀도 해준다고 한다. 동생이 없어졌으면 좋겠다던 아이가 이제 동생이 태어나길 기대하고 사랑을 표현하는 누나로 180도 달라졌다. 새로운 깨달음이 있었기에 가능한 변화였다.

이제 엄마에 대한 태도를 바꾸기 위해서는 엄마에 대한 새로운 생각과 깨달음이 필요했다. 윤서가 조금은 심각한 문제행동을 보였던 이유는 윤서의 마음이 그런 상태였기 때문이다. 그럴 수밖에 없었던 6살 여자아이 마음속을 다시 들여다보자.

윤서와의 대화에서 찾아낸 윤서가 힘든 점들이다.

① 엄마가 소리 지르고 혼내면 무섭다.

② 영어 숙제가 양이 너무 많고 부담스럽다.

③ 동생이 태어나면 자신을 괴롭힐 거라는 불안감을 가지고 있다.

④ 유치원에서 "같이 놀자" 혹은 "하지 마"라는 말을 영어로 말하지 못한 채 불편감이 계속된다.

⑤ 자신을 왕따시키고 괴롭히는 친구에게 대응하지 못해 스트레스를 받고 있다.

⑥ 한국어로 말하면 안 되고 영어로만 말해야 한다는 유치원 규칙이 다른 정서적 표현도 제한하고 있다.

이렇게 적어서 보니 아이가 표출한 원망과 화가 당연하게 느껴진다. 윤서와 엄마가 좋았던 기억에 대해 이야기를 나누어보았다.

"6살 때 좋은 거 있었어요. 엄마랑 쿠키 만들었어요. 두 번. 그때가 참 좋았어요."

엄마와 6살 때처럼 쿠키를 만들며 놀고 싶은데 요즘은 엄마가 힘들어서 만들

수가 없다고 했다. 엄마와의 행복한 기억을 되살리고 싶은 아이 마음이 애틋해서 엄마에게 간단하게 쿠키 만들기를 한 번만 해달라고 부탁했다. 엄마는 이제 동생이 태어나면 약 3년간은 두 아이를 키우느라 정신없는 시간을 보낼 것이다. 그 와중에 쿠키를 굽는 건 상상도 못할 것이다. 하지만 6살 적 추억을 간직하는 7살 아이라면 7살 추억은 10살까지 간직하며 행복해할 것이다. 우리가 살아가는 동안 흔들리지 않게 지켜주는 것은 단지 몇 번의 감사하고 행복한 추억이다.

이제 걱정과 답답함으로 힘든 엄마 마음도 정리할 시간이다. 엄마에게 엄마가 좋아하는 윤서의 성격적 특징이 무엇인지 질문했다.

> **엄마가 좋아하는 윤서의 성격 특성**
>
> 1. 마음먹은 건 열심히 잘하는 점
> 2. 잘 웃고 재잘재잘 얘기도 잘하는 점
> 3. 될 때까지 노력하는 모습
> 4. 차분하고 집중력 있는 점
> 5. 긍정적인 성격

써놓고 보니 이렇게 훌륭한 아이가 있을까 하는 생각이 든다. 엄마도 그렇게 느꼈나 보다. 이런 아이에게 왜 화내고 소리 질렀는지 모르겠다며 엄마도 지난 시간을 안타까워했다. 달라진 윤서를 보며 이제 엄마도 달라지기 시작했다. 혼내는 횟수가 줄어들고, 윤서가 말을 안 들으면 어떻게 말해야 아이가 깨달을지 생각하고 말하게 되었다. 깨닫는 훈육을 통해 아이가 달라졌다. 엄마도 달라졌다. 한참을 돌아온 것 같지만 사실은 가장 좋은 지름길이었다.

4장

내 아이를 위한
실전
따단훈육

알면 어렵지 않은
따단훈육 4단계

성공적인 훈육을 위한 '따뜻하게, 단단하게, 깨닫게' 이 3가지 요소가 마음에 각인되었기를 바란다. 이 3가지 요소는 훈육의 원칙이고 기본 태도이며 어떤 상황에서 어떤 대상으로 훈육한다 해도 지켜져야 할 요소들이다. 이제 3가지 요소를 기본으로 탄탄하게 세웠다면 조금 더 세심하게 알아볼 시간이다. 훈육이 조금 더 탄탄하게 성공할 수 있도록 '따단훈육 4단계'를 알아보자.

훈육에 성공하고 싶다면 당연히 절차와 원칙을 지켜야 한다. 훈육에 대한 막연한 생각으로 아무 계획 없이 시행하는 훈육은 아이를 잡을 뿐 아니라 부모에게도 치명적인 아픔을 남긴다. 그러니 성공적인 훈육을 위해서는 훈육의 목표를 정하고, 훈육하는 방법에 대한 원칙을 세워 훈육 과정에서 일어날 일에 대비해야 한다. 그리고 마지막으로 훈육의 과정을 어떻게 섬세하게 마무리할지 준비해야 한다.

성공적인 훈육은 부모가 설정한 훈육의 목표와 원칙에 의해 이미 결론이 정해져 있다고 해도 과언이 아니다. 계획을 세워서 하는 것이 아니라 참고 참다가 욱해서 한다면 그건 훈육이 아니라 충동적으로 화내고 성질낸 것일 뿐이다. 기왕에 마음먹고 하는 훈육인데 한 번에 성공하기 바란다. 잘 준비한 만큼 좋은 결과를 얻게 된다. 성공적인 훈육을 위해 아래 제시한 훈육 4단계를 잘 지켜서 따라 해보자.

성공적인 훈육을 위한 4단계

STEP 1 : 훈육 목표 설정하기
STEP 2 : 훈육의 종류와 방법 계획하기
STEP 3 : 훈육 실시하기
STEP 4 : 훈육 마무리

STEP 1 훈육 목표 설정하기

오늘 훈육하기로 작정했다면 훈육의 목표가 무엇인지 명확하게 설정하자. 투정부리지 않고 숙제하는 것을 가르치기 위한 훈육이라면 '숙제할 때 투정부리지 않기'라는 명확한 목표를 설정해야 한다. 목표 설정이 중요한 이유는 아이를 혼내다 보면 원래 목표는 오간 데 없고 엉뚱한 문제로 화를 내는 경우가 많기 때문이다. 예를 들어 숙제하기 싫어 몸을 배배 꼬는 아이를 훈육하기 시작한 경우, 숙제로만 이야기를 멈추지 않는다.

"숙제는 힘들어도 꼭 해야 하는 거야"로 시작했다면 숙제를 해야 하는 것에 대한 가르침을 주고 숙제를 좀 더 쉽게 하는 방법에 관해 깨닫게 하는 과정이 필요하다. 그런데 목표 설정을 제대로 하지 않으면 엉뚱한 말을 하고 있는 자신을 발견하게 된다.

"왜 이렇게 숙제를 오래 하니? 똑바로 앉아서 해야지. 주변은 왜 이렇게 어질러놓았니? 엄마가 말하는데 왜 쳐다보지도 않아? 엄마를 보는데 왜 그렇게 째려보니? 엄마가 그러지 말랬지……."

엄마는 어느새 앉아 있는 자세, 엄마 말을 듣는 태도, 평소 문제점까지 마구마구 범위를 넓혀 지적하고 있다. 이건 훈육이 아니다. 성공적인 훈육은 목표에서 벗어나지 않고 목표에 충실해야 한다. 다른 문제점들이 계속 눈에 보여 짚고 넘어가고 싶겠지만, 그건 다음번 훈육의 목표로 설정해야 한다. 목표를 명확히 설정하여 목표에 충실한 훈육을 진행해야 성공적인 훈육이 가능하다.

목표를 설정할 때 주의할 점이 있다. 목표가 우리 아이의 나이에 비해, 아이의 성격이나 기질에 비해 과하지는 않는지 점검하고, 만약 과하다면 아이에게 맞게 계획을 더 섬세하게 세워야 한다는 것이다.

STEP 2 훈육의 종류와 방법 계획하기

훈육의 종류는 두 가지가 있다고 했다. 예방적 훈육과 상황대처 훈육이다. 어떤 훈육으로 시작해야 할까? '성공적인 훈육을 위한 4단계'를 활용하기 좋은 것은 예방적 훈육이다. 아이의 문제행동 한 가지를 고쳐주고 싶다면, 언제, 어디서, 어떤 방식으로 진행할지 구체적으로 계획하는 것이 바람직하다. 문득 생각난다고 무턱대고 시작하면 실수하기 쉽다.

부모는 훈육을 시작하면 자신도 모르게 '엄격하고 단호한 태도'로 돌변하는 경향이 있다. 그러니 훈육의 종류를 선택하고, 구체적인 방법까지 계획해야 자연스러운 훈육이 가능해진다. 계획이 거창하지 않아도 된다. 다음의 대화 정도면 아이도 충분히 가르침을 받을 준비를 하게 된다.

•••

오늘 저녁 8시에 안방에서 엄마랑 이야기 나눌 거야.

앞으로 '엄마와의 약속을 잘 지키는 것'에 대해 가르쳐줄 게 있어.

너도 엄마한테 하고 싶은 얘기가 있으면 미리 생각해서 그때 이야기 나누자.

STEP 3 훈육 실시하기

훈육의 목표를 명확히 설정하고 훈육의 종류도 정하고 구체적인 방법까지 계획하여 아이에게 미리 알렸다면, 사실 훈육은 절반 성공한 거나 마찬가지이다. 준비가 반이라는 말은 훈육에도 해당한다. 훈육을 실시하는 방법은 따뜻하게, 단단하게 그리고 아이가 깨달을 수 있도록 진행하면 된다.

그런데 예방적 훈육은 미리 계획하고 준비했으니 쉽게 훈육을 진행할 수 있지만, 갑자기 벌어진 상황이라면 어떻게 해야 할까? 상황대처 훈육을 하기 위해서는 평소 부모가 만약의 상황에 대비하는 마음가짐을 준비해야 한다. 아이가 공공장소에서 마구 뛰어다니면? 갑자기 소리 지르고 떼를 쓰면? 이럴 때 어떻게 훈육할지에 대한 계획을 미리 세워 두는 것이다.

상황대처 훈육을 시행해야 하는 상황이라면, 우선 아이의 행동을 멈추게 해야 한다. 아이를 "STOP!" 시켜야 한다. 아이를 붙잡고 귀에 대고 낮은 목소리로 천천히 끊어서 말하자. "울음 멈춰. 밖으로 나갈 거야. 손잡고 나갈래, 엄마가 안고 나갈까?" 이렇게 말하고 손을 내밀어 보자. 아이가 손을 잡으면 잡고 나가면 된다. 잡지 않으면 안고 나가야 한다. 혹시 아이가 계속 울거나 소리를 지른다면 번쩍 안고 나가야 한다. 힘들면 주변 사람에게 도움을 청해도 좋다. 밖으로 나가서 하는 첫 대화가 중요하다. 가장 먼저 아이가 지금까지 잘한 점을 먼저 말해주어야 한다. 그래야 아이가 진정할 수 있다. 그다음엔 아이가 하면 안되는 행동을 말해주고, 어떻게 행동해야 하는지 가르쳐준다.

• • •

마트 도착해서 처음 20분 동안은 아주 잘했어. 노력한 거 엄마가 잘 알아. 하지만 마트에서 처음부터 끝까지 뛰어다니면 안 되는 거야. 그럴 수 있겠니? 네가 준비되면 다시 들어갈 거고, 도저히 못 참을 것 같으면 집으로 그냥 돌아갈 거야. 마음의 준비가 되면 엄마에게 말해줘.

STEP 3 훈육 마무리

훈육의 마무리는 의외로 간단하다. 아이가 약속을 지킨 행동을 구체적으로 찾아서 칭찬하고 지지해주면 된다. 엄마 말을 잘 이해하고 고개를 끄덕이며 수용하는 태도를 보이는 것도 훌륭한 점이다. 바로 그 점을 칭찬하며 마무리하면 된다. 혹시 일행이 있다면, 일행도 아이의 이런 행동을 칭찬할 수 있도록 분위기를 만들어주면 더욱 좋다. 주변 사람들의 칭찬은 아이를 더 좋은 방향으로 이끈다. 이 정도의 대화로도 대부분 아이는 아주 잘 배운다. 훈육 전과는 달리 의젓하게 행동하는 아이를 분명히 만날 수 있다.

이제 '성공적인 훈육을 위한 4단계'에 대해 이해했다면 구체적인 사례를 통해 우리 아이의 일이라면 어떻게 훈육을 진행할지 4단계 순서에 맞추어 계획을 세워보자.

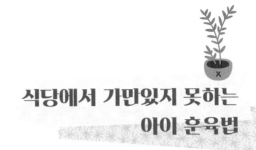

식당에서 가만있지 못하는
아이 훈육법

Q 4살 아들입니다. 식당에 가거나 가족 모임이 있으면 아이 때문에 언제나 초긴
장 상태예요. 계속 돌아다니고 여기저기 집적거리고 앉아 있지를 않아요. 아이
쫓아다니느라 저도 밥을 제대로 못 먹는 건 당연하구요. 시부모님과 친척들까지
모인 자리에서는 더욱 난감합니다. 시어머님은 제가 아이 습관을 제대로 못 잡
고 망치고 있다는 말씀까지 하시네요. 저도 노력하지만 아이가 워낙 에너지가
많아 잘 안 되는데 그런 말까지 들으니 정말 괴롭습니다. 이런 태도도 훈육으로
달라질까요?

유아기 아이들은 식당에서 가만히 앉아 있지 않으려 한다. 그렇다고 당연하
거나 어쩔 수 없는 일인 것은 아니다. 외국에서는 어린 아이인데도 가만히 앉아
서 식사가 가능하다는 것을 우리는 익히 알고 있다. 다른 아이들이 가능하다면

우리 아이도 가능하다. 어려도 식당에서 조용히 앉아 식사하고 허용되는 정도의 놀이만으로도 충분히 가만히 앉아 있을 수 있다는 말이다.

사실 전통을 강조하던 시절엔 우리 아이들도 대부분 식사예절을 잘 지켰다. 어른이 먼저 수저를 들기 전엔 먹지 않았고, 다 먹어도 어른이 일어나기 전엔 일어나지 않았다. 이런 전통이 희미해진 건 20여 년이 채 되지 않았다. 프랑스 육아나 영국 육아에서 배워야 하는 것이 아니라 좋은 전통을 되살린다는 의미로 생각하는 것이 더 바람직할 수 있겠다.

한번 생각해보자. 초등학생이 되면 아이들의 행동이 확연히 구분되어 드러나기 시작한다. 습관이 잘못 형성된 초등학생은 유아기 때와 마찬가지로 가만히 있지 못하고 어수선하게 돌아다니거나 다른 사람의 식사를 방해한다. 어릴 때는 어린아이의 특성이라 이해하고 넘어갔지만, 서서히 행동이 구분되는 6, 7세가 되어도 그렇다는 건 적절한 훈육을 받지 못했다는 것이다.

만약 아이가 2살 이하라면 훈육보다는 상황을 예측해서 필요한 것을 준비하는 것이 좋다. 아이가 식당에서 잘 앉아 있을 수 있도록 작은 장난감을 준비하거나 20~30분에 한 번씩 일어날 수 있게 해서 아이가 앉아 있는 시간을 견딜 수 있도록 조절해주는 것도 필요하다. 하지만 3살 이상이라면 식당에서 돌아다니는 행동을 고치기 위해 훈육이 필요한 상황이다. 만약 이 아이가 내 아이라면 어떻게 훈육할 것인가? '성공적인 훈육을 위한 4단계'에 맞추어 계획을 세워보자.

STEP1 훈육 목표 설정하기

부모가 바라는 것은 당연히 아이가 식당에 앉아서 부산스럽지 않게, 아무거나 만지지 않고 수저를 올바르게 사용해서 맛있고 즐겁게 식사를 하는 것이다. 흔히 집을 나서기 전에 엄마가 말한다. "네가 놀 거 하나 챙겨." 이렇게 말하는 건 좋은 준비성이다. 그런데 조금 더 섬세하다면 아이가 장난감을 준비하더라도 대비책을 한두 가지쯤 더 세우는 것이 좋다. 이제 구체적인 훈육의 목표를 세우고 계획에 들어가야 한다. 식당 밖으로 나가기를 좋아하는 아이라면 아이가 원하는 대로 아무 때나 나가는 것이 아니라 20분에 한 번 혹은 30분에 한 번 일어날 수 있다는 계획을 세우고, 아이에게 그 계획대로 실천해야 함을 알려주어야 한다.

아이에게 가르칠 식사예절이 무엇인지도 정확한 기준을 가지고 설정해야 한다. 이미 예전 경험에서 엄마는 아이가 어떤 행동을 하는지 예측할 수 있다. 그러니 모든 걸 한 번에 가르치려 하지 말고 하나씩 바꿔보자.

다음의 예 중에서 이번에 아이에게 가르치고 싶은 것은 무엇인가? 돌아다니지 않기를 원한다면 '식사 시간이 끝날 때까지 자리에 앉아 있기'를 가르치는 훈육이 되어야 한다. 꼭 해야 하는 행동이 무엇인지 구체적으로 말해주자. "돌아다니면 안 돼." "어른들의 식사가 끝날 때까지 앉아 있어야 해." 두 가지를 다 말해주자. 금지 행동만 알려주면 아이는 무엇을 해야 할지 모를 수 있기 때문이다.

식사예절 목표 설정의 예

음식을 소리 내지 않고 씹기

다른 사람이 먹는 속도에 맞추어서 먹기

먼저 다 먹어도 자리에서 일어나지 않고 기다려주기

가볍고 즐거운 주제로 대화하기

입에 음식을 넣고 말하지 않기, 말할 때 침 뒤기지 않기.

STEP 2 훈육의 종류와 방법 계획하기

어떤 훈육으로 시작해야 할까? 당연히 예방적 훈육이다. 식당에서의 예절을 미리 아이에게 가르쳐야 한다. 아이가 잘 알아듣지 못하면 집에서 식탁에 앉아 소꿉놀이하듯 연습을 해보는 것도 효과적이다. 미리 생각해보고 간접경험을 해보는 것만으로도 아이들의 인내심은 커진다. 물론 아이라서 오래 가만히 있지는 못한다. 당연히 대안이 필요하다.

아이에게 질문해서 테이블에 앉아서 놀 수 있는 것이 무엇인지 의논하자. 아이가 가져가겠다는 장난감의 크기나 소리 등이 공공예절에 맞는 것인지도 살펴보아야 한다. 그림을 그려도 되고, 책을 준비해서 읽어도 좋다. 그래도 참기 힘들 때는 화장실에 다녀오거나 엄마에게 참기 힘들다고 말하는 것도 좋다. 식사예절을 가르치는 훈육을 좀 더 효과적으로 하기 위해서는 식사예절에 관한 애니메이션 동영상을 보거나 식당에서의 예절을 가르치는 책을 보여주는 것도 효과적이다.

좀 더 구체적인 대안으로 아이가 앉아서 집중할 수 있는 놀잇감이 있어야 한다. 다음 예 중에서 아이가 좋아하고 할 수 있는 것을 두 가지 정도 골라 준비하겠다는 마음의 준비가 필요하다. 이런 게 번거롭다는 생각이 든다면 잠시 마음을 가라앉히고 이건 해야 한다는 생각으로 바꾸기를 권한다. 이런 준비가 없다면 아이는 같은 행동을 반복할 것이 분명하다.

　훈육을 위한 4단계 계획은 아이만을 위한 것이 아니라 엄마를 위하는 것이기도 하다. 우아하게 식사할 수 있고, 예의에 맞게 잘 노는 아이를 칭찬하는 주변 사람들의 말을 들으면 엄마도 기분이 좋다.

식당 놀이의 예

	훈육 후 아이의 표정과 태도
색칠 놀이	색칠 놀이책도 좋고, 인터넷에서 무료 색칠놀이 자료를 찾아 프린트해서 준비해도 좋다. 아이의 양육에 모두 참여시키는 의미로 같이 식사하는 일행에게 꽃이나 동물 그림 하나를 그려 달라고 요청해보자. 할아버지가 그려준 자동차를 색칠하면서 아이는 더 즐거운 시간을 보낼 수 있다.
미로 찾기	인터넷에서 미로 찾기 그림을 찾아 몇 장 준비하자. 아이가 지루해하는 순간 효과적으로 활용할 수 있다.
미니 퍼즐	퍼즐은 아이가 집중해서 놀 수 있는 좋은 놀잇감이다. 앉아서 놀아야 하는 아이에게 지루함을 견디게 할 뿐 아니라 집중해서 놀 수 있으니 일거양득이다. 만약 퍼즐을 미처 준비하지 못했다면 종이에 그림을 그린 다음 오려서 퍼즐처럼 활용하면 된다. 허술한 퍼즐이지만 아이들은 재미있어한다.
미니인형, 동물 인형	가상 놀이, 역할 놀이는 유아의 특권이다. 작은 인형으로 식당놀이를 할 수 있도록 자극만 주어도 놀이에 빠져든다.
스티커 붙이기 놀이	스티커로 그림 그리듯 붙이도록 시작만 도와주어도 아이는 창의력을 발휘하기 시작한다. 가능하면 스티커의 크기가 작아서 오래 놀 수 있는 게 좋다.

관찰 그림책	찾기 놀이 그림책은 언제나 아이들의 흥미를 유발한다. 또래 친구가 있으면 함께 찾으며 책 속으로 빠져든다. 조용히 집중할 수 있으니 매우 유용하다. 단, 모임이 있을 땐 아이가 아직 보지 않은 새 책을 미리 준비해두는 것이 좋다. 식당에서 처음 만나는 관찰 그림책이라면 아이는 더 호기심을 발휘한다.
퀴즈 그림책	아이들끼리 앉아서 서로 퀴즈를 내며 놀기에 좋다. 어른들도 가끔은 참여해서 흥을 돋우어 주면 아이들끼리도 잘 놀 수 있다.

STEP 3 훈육 실시하기

아이가 3~5살 정도라면 나가기 한 시간이나 삼십 분 전에 미리 훈육해두는 것이 좋다. 6살 이상이면 하루 전에 하고, 당일 아침에 기억을 상기시켜주어도 좋다.

●●●

이리 앉아봐. 엄마가 할 이야기가 있어. 우리 오늘 7시에 친척들과 함께 식당에서 식사할 거야. 네가 좋아하는 음식도 먹을 수 있어. 그런데 꼭 지켜야 할 것이 있어. 잘 지킬 수 있겠지? 첫째, 밥 먹을 땐 예의 바르게 먹어야 해. 둘째, 밥 다 먹어도 일어나지 말고 식탁에 앉아서 이야기하거나 놀아야 해. 마음대로 돌아다니면 안 되는 거야. 할 수 있겠지?

이렇게 말하면 아이들 대답은 청산유수다. 분명히 외식한다는 말에 신 나서 대답은 잘한다. 이때 착각하면 안 된다. 아이는 나가서 식사한다는 말 다음의 말은 전혀 귀담아듣지 않았을 수 있다. 그래서 아이의 대답을 들은 후에는 질문해야 한다.

***

엄마랑 두 가지 약속을 했어. 어떤 약속이었지? 말해볼래?

아이가 제대로 기억하지 못한다고 해서 실망하지 않기를 바란다. 기억을 안
하는 게 아니라 관심 없는 이야기이니 제대로 듣지 못한 것이다. 그래서 다시
아이가 자신의 말로 그 말을 해보는 것이 중요하다. 기억을 잘 못하면 엄마가
다시 한 번 설명해주자. 이번엔 아이도 잘 기억할 수 있다.

***

첫째, 밥 먹을 땐 예의 바르게 먹어야 해. 둘째, 밥 다 먹어도 식탁에 앉아서
이야기하거나 놀아야 해. 마음대로 돌아다니면 안 되는 거야. 할 수 있겠지?
이제 두 가지 약속 네가 말해볼래?

***

첫째는?

***

둘째는?

***

와! 잘 기억했어. 멋지다. 지킬 수 있지? 앉아 있는 동안 지루하면 엄마가 놀
잇감 준비했으니 기대해도 좋아. 혹시 네가 원하는 게 있으면 한 가지 가져갈
까?

아이는 분명히 더 자신 있게 대답한다. 이제 손가락 걸고 약속한다.

여기까지는 예방훈육이다. 식당에 와서 식사를 시작하면 한동안은 분명히 아이도 약속한 대로 잘 지킨다. 아이는 나름 노력하겠지만 그래도 잘 안 된다. 그러니 대안을 합의해두지 않으면 이 모든 준비가 수포로 돌아가는 최악의 상황이 벌어지고 말 것이다. 그렇다고 벌칙을 정한다는 의미가 아니다. 훈육이 성공하기 위해서는 아이가 잘 지키는 동안 엄마가 보여주는 관심과 지지가 힘을 발휘해야 한다. 중간중간 아이를 살펴보며, "잘하고 있네. 훌륭해"라고 지지해주어야 한다. 이 부분이 엄마들이 아직 미숙한 부분일 수 있다. 이상하게 엄마들은 잘하고 있을 때는 관심을 두지 않다가 꼭 아이가 문제를 일으키면 그럴 줄 알았다며 혼낸다. 기왕에 좋은 훈육을 하기로 마음먹었으면 조금만 더 세심함을 발휘하자. 아이가 잘하고 있는 동안 노력하고 있는 점, 약속을 지키려고 한 점을 칭찬해주기만 해도 성공 확률은 엄청나게 높아진다.

혹시라도 미리 예방하는 훈육을 했음에도 엄마가 잠시 방심한 사이, 아니면 돌발적으로 아이가 약속을 잊어버리고 돌아다니기 시작했다면 바로 상황대처 훈육으로 방향을 전환해야 한다.

아이가 약속을 지키지 않는 상황이 벌어졌다면 앞에서 설명한 대로 아이를 데리고 밖으로 나간다. 발버둥치는 아이를 뒤에서 끌어안고 진정시키면 효과적이다. 조금 진정되면 이야기를 시작하자.

• • •

식당에서 밥 먹을 때 의젓하게 잘했어. 아주 멋있었어.

•••

잠깐 약속을 잊어버렸구나. 너무 하고 싶었어? 그랬구나.

•••

이제 들어가서 어떻게 해야 하지? 약속한 거 다시 말해볼래?

아이의 반응을 예상해보자. 아이들의 가장 큰 핑계는 '다른 애들도 다 하는데'이다. 그럴 땐 이렇게 말해주자.

•••

그건 다른 아이들이 다 잘못하는 거야. 가만히 두는 어른도 잘못하는 거고.
우린 약속대로 지킬 거야. 마음을 잘 먹어야 해. 준비되면 들어가자.

이런 대화를 하다 보면 이상하게 아이의 논리에 엄마가 말려드는 경우가 많다. 엄마가 먼저 마음이 약해져서 아이에게 조건을 내걸어 허용하기도 한다. 이럴 때 단단함이 필요하다. 엄마가 흔들리면 아이는 옳고 그름을 배우지 못한다. 아이가 마음의 준비를 하는 시간은 그리 길지 않다. 길어도 2, 3분이면 충분하다. 아이가 마음을 차분히 가라앉히는 동안 따뜻하게 다독여주자. 그러면 충분하다.

아이가 이제 들어가겠다고 말하면 또다시 "그래, 잘했어. 기특해"라고 칭찬해주고 함께 들어온다. 다른 아이들에게 "우리 OO도 너희처럼 그렇게 하고 싶지만 엄마랑 약속해서 엄청 참고 있는 거야"라고 말해주어야 한다.

STEP 4 훈육 마무리

식사가 끝나고 일어나기 직전에 가족 모두가 아이를 칭찬할 수 있도록 분위기를 만든다.

• • •

오늘 우리 ○○이 너무 의젓하고 멋있었죠? 칭찬 박수 한번 쳐주세요.

집으로 돌아와서 저녁에 한 번 더 아이가 잘한 점, 노력한 점, 긍정적 의도를 찾아 자세하게 칭찬해주자. 따로 보상을 주지 않아도 된다. 시도 때도 없는 보상은 아이의 심리적 성취감을 갉아먹는다.

아이도 자신이 약속을 지킨 사실이 뿌듯하다. 그런데 보상을 받아버리면 자신의 의지로 이룬 일인데 마치 보상 때문에 한 것처럼 착각하게 된다. 아이가 자신의 의지로 해낸 일에는 칭찬하고 축하로 마무리하면 충분하다. 그래도 뭔가 더 칭찬해주고 싶다면 다음 날 아이가 좋아하는 간식 한 가지 정도 해주면 된다.

절대 훈육이 성공했다는 기쁨에 물질적 보상을 남용하지 않아야 한다. 혹시라도 부모가 마음이 느슨해져 아이에게 작은 선물이라도 하게 된다면 다음번 훈육에도 아이는 보상을 요구하게 될 게 분명하다. 엄마도 아빠도 자신을 단단하게 지키길 바란다.

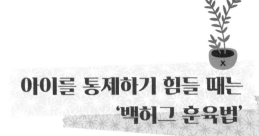

아이를 통제하기 힘들 때는
'백허그 훈육법'

Q 6살 딸이에요. 아이가 감정 조절이 안 되고 너무 심하게 울거나 고집을 부릴 때 다섯 번 정도 아이를 다리 사이에 껴서 제압하고 훈육했어요. 그때 아이가 너무 거세게 반항하고 더 분노해서 그 후론 시도하진 않았습니다. 그런데 그 이후로 아이가 울 때 제가 안아주려 하면 거부할 뿐 아니라 더 울기만 합니다. 이제 어떤 방법으로 훈육해야 하나요?

Q 7살 아들이 게임기를 던졌습니다. 이번에야말로 버릇을 꺾어야겠다는 생각에 아이를 붙들고 큰 소리로 혼냈습니다. 아이가 토할 것 같이 울고 몸이 축 늘어지기도 했어요. 저도 너무 괴로워서 언제까지 붙잡고 있어야 할지 모르겠더라고요. 결국 아이가 잘못했다고 말했지만 몸을 풀어주자마자 "엄마 미워!"라고 외치는 걸 보니 또 실패한 것 같아요. 이렇게 힘들게 했는데 또 실패하다니, 훈육

이 너무 어렵기만 합니다.

가장 많이 듣는 훈육 실패담의 전형적인 모습이다. 이제 아이와 엄마가 서로 상처를 주지 않는 새로운 훈육 자세가 필요하다. 예방적 훈육에서는 자세가 자유로워도 된다. 아이와 대화가 이루어진다는 느낌이면 마주 보아도 되고 나란히 옆으로 앉아 이야기를 나누어도 된다. 가끔 눈 마주치며 미소를 교환하는 것으로도 충분한 소통이 된다.

하지만 상황대처 훈육에서는 달라야 한다. 일단 폭발한 아이를 붙들고 멈추게 하려면 약간의 힘이 필요하다. 하지만 이때 무섭고 엄격하게 하는 것은 아이에게 두려움과 공포감을 유발할 수 있다. 아무리 흥분하지 말고 하라고 해도 실제 상황에서 엄마는 흥분하지 않을 수가 없다.

대한민국 엄마는 아이와의 감정적 밀착이 매우 심한 편이다. 아이가 짜증 내면 엄마는 뚜껑 열린다. 아이의 어깨가 처져 있으면 엄마는 심장이 쿵 내려앉는다. 아이의 감정 표현 정도는 정상범주이지만, 위아래로 오르락내리락하는 엄마의 감정은 정상범주를 넘어선다. 그러니 붙들고 마주 보기만 하면 아이보다 더 공격적 에너지를 내뿜게 된다. 목소리가 커지는 것은 물론이고, 표정은 험악하고 아이를 잡은 두 손에 힘이 들어가 아이를 아프게 하기도 한다. 이래서는 훈육에 성공하기 어렵다.

이제 조금 다른 자세로 시도해보아야 한다. 상황대처 훈육에서 훈육의 자세는 매우 중요하다. 4살 태민이의 사례에서 엄마가 어떤 자세로 훈육하고 있는지 세심하게 살펴보자.

툭하면 심하게 울고 공격적인 행동을 할 때

태민이는 겁이 많고 잘 우는 아이다. 영아기부터 울음이 많아서 마음이 약한 성향의 아이라 판단한 엄마는 아이가 울면 다독여서 진정시키는 경우가 많았다. 그런데 울음이 줄어드는 것이 아니라 점점 더 심해지기 시작했다. 태민이는 별일 아닌 일에도 강한 울음을 터뜨렸다. 사촌누나가 태민이 장난감에 손만 댔는데도 울고, 울지 말라고 말하면 더 운다. 아이의 울음 습관을 고치고 싶은 엄마가 훈육을 위한 상담을 요청했다. 아이의 나쁜 습관을 고치기 위해 엄마에게 훈육 방법을 가르치면서 함께 진행했다.

태민이는 먼저 블록 장난감을 꺼내 놀기 시작했다. 그러다 금세 시시해졌는지 엄마를 한 번 보더니 동물 인형을 가리키며 손짓했다. 평소 아이가 손짓만 해도 엄마가 들어주었나 보다. 엄마에게 아이의 요구를 거절하게 했다.

"블록을 통에 담으면 네가 원하는 걸로 놀 수 있어."

지금까지 늘 하던 것처럼 아이는 자신의 요구가 수용되지 않자 울먹이기 시작했다. 울어도 안 된다고 엄마가 말하자 자기 앞에 있는 블록을 집어 던졌다. 이 정도면 엄마가 자기 요구를 들어준다는 것을 너무 잘 알고 있는 태도이다. 일단 엄마에게 집에서 하던 대로 해보라고 했다.

"던지면 안 되잖아. 안 던질 수 있지? 인형 갖고 놀고 싶어?"

엄마의 목소리와 톤이 참 부드럽고 친절하다. 저런 느낌의 엄마에게서 난 아이라면 절대 공격적인 행동은 하지 않을 것 같다. 하지만 아이는 엄마가 빨리 들어주지 않자 블록 두세 개를 더 집어 던졌다.

엄마가 상담사의 눈치를 살피며 인형을 줄지 말지 고민했다. 엄마는 아이의 요구를 거절하는 것이 너무 불편한 듯했다. 우는 걸 보는 것도 괴롭고, 아이의 요구를 빨리 들어주어 아이가 진정하는 모습을 보고 싶어 어쩔 줄을 모른다. 엄마의 이런 태도가 아이의 나쁜 습관을 부추겼음이 분명하다.

이제 아이에게 할 말을 적어서 보여 주면 엄마가 그 말을 따라 하기로 했다. 블록을 집어 던진 행동에 대해 태민이에게 명확하게 말하라고 전달했다.

"태민아, 블록을 던진 건 나쁜 거야. '잘못했습니다'라고 말해야 해."

갑자기 달라진 엄마의 태도에 아이가 잠시 멈추고 엄마를 쳐다본다. 하지만 곧 하던 대로 칭얼대며 울기 시작한다. 엄마는 애원하듯 말한다. 똑같이 한 번 더 말하도록 했다.

"태민아, 블록을 던진 건 나쁜 거야. '잘못했습니다'라고 말해야 해."

태민이는 더 큰 소리로 울면서 잡힌 손을 빼서 또 블록을 집어 던진다. 엄마 말에 의하면 잘 울고 마음이 약한 아이라 했는데 전혀 그렇게 보이지 않았다. 엄마가 말한 마음이 약하다는 것은 아이가 잘 운다는 의미였던 것 같다. 엄마에게 태민이 두 손을 다시 잡고 한 번 더 말하도록 했다.

"태민아, 블록을 던진 건 나쁜 거야. '잘못했습니다'고 말해야 해."

이제 아이는 두 손을 빼려고 몸을 비틀며 더 크게 울기 시작한다. 예상했던 바이다. 그런데 울음이 커지면서 아이가 갑자기 독특한 행동을 하기 시작했다. 태민이가 울면서 자신의 무릎을 때리기 시작했다. 처음엔 몇 번 치는가 싶더니 점점 세게 멈추지 않고 치기 시작했다. 울음소리가 커갈수록 무릎이 빨개지도록 계속 때리는 것이었다.

아이 손을 가볍게 잡으며 무릎을 때리지 말라고 말려도 소용이 없었다. 엄마는 이제 원래 집에서 하던 방식대로 아이 옆에 매달려 달래려고 애를 썼다. 십 분이 넘도록 태민이의 울음은 계속되었고, 엄마는 어쩔 줄 몰라 했다. 상담사의 허락을 구하지도 않고 태민이가 원했던 동물인형을 가져다 태민이에게 안겨준다. 태민이는 이제 인형도 집어 던졌다. 엄마는 전혀 태민이의 행동을 진정시킬 줄도 모르고 고치는 방법도 몰랐다. 게다가 옆에서 방법을 알려주어도 지금까지 하던 방식으로 쉽게 돌아서 버렸다. 이제 태민이를 제대로 진정시키고 올바른 행동을 알려주어야 했다.

엄마에게 울고 있는 아이를 뒤에서 안아서 무릎에 앉히라고 했다. 아이의 두 팔을 몸에 붙이고 백허그 하듯이 안으니 아이가 팔을 움직이지 못한다. 그러나 온몸으로 저항한다. 갑자기 거친 말들이 쏟아져 나오기 시작한다.

"비켜, 저리 가! 엄마 꺼져!"

저렇게 공격적인 아이를 엄마는 왜 여리고 약하다고만 생각했는지 다시 궁금해졌다. 아이가 보이는 모습은 전혀 약한 모습이 아니었다. 예전엔 그랬는지는 모르지만 이제 자기만의 방식으로 엄마를 좌지우지하고 있었다. 아이는 엄마가 정신 차릴 틈을 주지 않고 자기 방식대로 울며 발버둥치기 시작했다.

엄마가 몸을 백허그로 붙잡으니 이제 아이가 발로 엄마를 차기 시작해서 엄마에게 다음 행동을 지시했다. 아이를 껴안듯이 엄마의 한쪽 다리를 다른 쪽 무릎 위에 올려 아이가 발로 차지 못하도록 막았다.

이 자세는 아이를 아프지 않게 보호하는 동시에 발버둥치지 못하게 막을 수 있는 자세이다. 이제 아이는 팔과 다리를 마음대로 휘두르지 못한다. 태민이는 계속 비키라고 울며 소리 지른다. 머리를 앞뒤로 흔들며 엄마의 가슴을 박는다. 그도 안 되니 엄마 팔에 침을 뱉는다. 감정이 폭발해서 저항하는 아이의 모습을 태민이는 고스란히 다 보여준다.

"엄마 비켜! 아파, 힘들어, 엄마 나빠, 저리 가!"

이제부터 엄마가 하는 말이 중요하다. 엄마에게 아이를 백허그 한 상태로 목소리 톤을 낮추고, 작게, 느리게 말하도록 했다.

"태민아, 힘들지? 하지만 네가 울음을 그쳐야 해. 그리고 장난감 던진 거 '잘못했습니다'라고 말해야 해. 그러면 풀어줄 수 있어."

태민이는 여전히 거칠게 울었다.

"아무리 울어도 소용없어. 울음 그치고 제대로 잘못했다고 말해야 해. 그래야 풀 수 있어."

아이의 비명 같은 울음소리가 괴롭겠지만 엄마가 훈육하기로 마음먹었다면 꼭 견뎌내야 할 과정이다. 엄마 말을 들은 태민이는 더 크게 소리 지르며 운다. 이렇게 5분쯤 지나니 기침하고 토할 듯이 꺽꺽거린다. 목마르다는 말도 한다. 울음을 그치면 물을 주겠다고 해도 계속 운다. 한참 울다 이번에는 화장실에 가겠다고 한다. 그 또한 울음을 그치면 보내주겠다고 하니 더 운다.

"엄마, 풀어주세요"라고 울며 말한다. 이때 넘어가면 안 된다. 아이는 울면서 불쌍하게 풀어달라고 말하지만 엄마가 요구한 '잘못했다'는 말하지 않았다. 다음엔 다르게 행동하겠다는 말을 하지 않았다. 상황대처 훈육의 목표는 바로 이 지점이다. 아이가 단단한 경계가 무엇인지 깨닫고, 더 이상 버티면 안 되겠다고 깨닫고, 자기 행동을 바꾸어야겠다고 결심하고 말로 표현해야 한다. 그래야 행동이 변한다. 또한, 상황 중간중간에 아이에게 엄마 마음을 따뜻하게 전달하는 것도 중요하다.

• • •

엄마도 힘들어. 마음이 아파. 하지만 이건 고쳐야 하는 거니까 엄마도 참고 버티는 거야. 이렇게 하면 안 되는 걸 엄마가 미리 가르쳤어야 하는데 못 가르쳐서 미안해.

많이 힘들지만, 아이와 함께 힘든 마음에 머무르며 깜깜한 터널을 손잡고 더듬더듬 걸어 나오듯 그렇게 그 과정을 견뎌내야 한다. 함께 머문다는 것은 그 마음의 공간과 시간을 함께한다는 것이다. 아이 마음에 들어가 함께 머무르는 일이다. 이제 시간이 다 되어간다. 15분이 지나고 있다. 붙잡고 있는 엄마도 힘들지만 태민이도 얼마나 힘이 들까? 태민이는 지쳤는지 목소리를 낮추고 울음을 멈추기 시작한다.

"이제 안 우니까 풀어주세요."

"태민아, '장난감 던진 거 잘못했어요. 소리 지르고 나쁜 말 쓴 거 죄송합니다'라고 말해야 놓아줄 거야."

"아, 이제 안 우니까 놓아달라고요."

아이는 잘못을 시인하고 싶지가 않다. 가짜로 굴복한 것이다. 이때 조심해야 한다. 이상하게도 아이들은 가짜로 용서를 구하는 단계를 꼭 거친다. 하지만 이 단계부터는 좀 달라지는 점이 있다. 아까는 우느라 엄마의 말이 제대로 들리지 않았다면 이젠 들을 수 있는 여력이 생겼다.

"너도 힘들지? 잘못한 거 사과하는 건 힘든 일이야. 엄마가 너한테 잘못 가르친 거 미안해. 이젠 제대로 가르쳐줄게."

아이의 울음소리가 조금씩 달라진다. 아까는 분노의 표현이었다면 이번엔 마치 마음속에 있던 아픔과 응어리들이 녹아 나오는 느낌으로 흐느낀다. 다시 아이에게 두 가지 잘못에 대해 말하도록 했다.

"태민아, '장난감 던진 거 잘못했어요. 소리 지르고 나쁜 말 쓴 거 죄송합니다'라고 말해야 해."

아이가 울먹이며 따라 하기 시작한다.

• • •

장난감 던진 거 잘못했어요. 소리 지르고 나쁜 말 쓴 거 죄송합니다.

• • •

잘했어. 정말 잘했어. 잘 견뎌냈어. 훌륭해. 앞으론 어떻게 말할 거야?

• • •

예쁜 말 할게요.

• • •

좋아. 이제 엄마가 다리도 내리고 팔도 놓을게. 준비됐어?

• • •

네.

이렇게 아이를 풀면 아이는 더 이상 버티지 않는다. 엄마가 밉다며 원망도 하지 않는다. 오히려 갓난아기처럼 엄마 품에 파고들어 따뜻하고 단단한 훈육의 여운을 마음으로 받아들이다. 이제 엄마는 힘들었던 마음 보살펴주고 어루만져 주면 된다. 이렇게 한바탕 훈육이 끝났다.

훈육이 성공적이었는지 확인하고 싶다면 그 이후 시간의 아이를 살펴보면 된다. 씻기고 로션도 발라주자. 아이 얼굴에 쑥스러우면서도 해맑은 미소가 떠오르기 시작할 것이다. 로션을 발라주며 살짝 장난이라도 치면 맑은 웃음소리를 낼 것이며, 부드럽고 예쁜 눈빛으로 엄마와 눈맞춤 하는 아이를 만날 수 있다.

이 과정이 성공할 수 있었던 가장 큰 이유는 백허그 덕분이다. 뒤에서 아이를 안으면 아이가 안전할 뿐 아니라 엄마도 감정을 잘 조절할 수 있다. 아이를 붙드는 건 똑같지만, 뒤에서 아이를 안아 버둥거리지 못하게 하면 매우 안정적이며 효과적이다. 훈육할 때 엄마 자신도 모르게 일그러지는 표정을 아이가 보지 않아도 된다. 엄마 목소리도 쉽게 조절이 된다. 목소리 톤을 낮추고, 작게 천천히 말하는 것이 가능하다. 그렇게 말하면 엄마의 목소리는 따뜻하면서 단단하게 전달이 된다. 아이가 겁을 먹거나 공포심을 느끼지 않으면서 자신의 행동을 바꿀 수 있는 소중한 시간이 되는 것이다. 엄마의 품에서 아이는 따뜻하고 단단하게 보호받으며 제대로 가르침을 받게 된다.

아이를 붙들고 마주보고 시도하는 훈육이 여러 가지 이유로 성공하지 못하고 오히려 아이와 엄마를 힘들게 하는 경우를 자주 만나면서 다른 방법을 시도하고 연구해보았다. 어떻게 하면 아이를 불안하지 않게 할 수 있을까? 엄마의 따뜻함을 전하고, 효과적으로 아이를 깨닫게 할 수 있는 훈육 자세는 어떤 것일까? 긴 시간 동안 끊임없이 질문하고 실험하며 찾아낸 방법이었다. 실행해본 결과 거의 실패하지 않는 방법이 바로 '백허그 훈육법'이었다.

혹시라도 지금까지 상황대처 훈육을 시도했지만 효과가 없었다면, 아이가 더 떼만 늘어가고 엄마 밉다고 소리친다면 훈육의 자세를 바꾸어보기 바란다. 분명 훈육으로 아이가 한 단계 더 성장하는 경험을 할 수 있을 것이다.

한 번 성공적인 훈육을 경험한다면 다음엔 훨씬 수월하다. 문제행동들이 좀 더 줄어들기 위해서는 어쩌면 몇 번 더 이런 과정을 거칠 수도 있다. 하지만 따뜻하면서 단단한 백허그 훈육 과정을 거친다면 아이가 잘못을 인정하고 의젓하고 당당하게 성장하는 모습을 볼 수 있게 될 것이다.

5장

훈육이
성공했을 때,
실패했을 때

훈육이 성공했다는 증거들

	훈육 후 엄마의 마음
A	개운하다. 짠하지만 대견하다. 신기하다. 고맙다.
B	마음 아프다. 자괴감이 든다. 우울하다. 힘들다.

훈육이 끝난 후 당신은 A와 B 중 어떤 감정을 만나는가? 훈육이 잘되었는지는 부모의 마음을 들여다보면 알 수 있다. 성공하는 훈육, 성장하는 훈육, 그래서 잘된 훈육의 특징은 부모와 아이 모두 개운하고, 서로 고맙고, 애잔하고, 신기하기도 한 느낌이 든다는 것이다. 마음이 아프고, 잘못한 것 같고, 죄책감이 들거나 '언제까지 이래야 하나?' 하고 힘든 마음이 든다면 잘못된 훈육이었다는 증거이다. 아니면 '혼내는 것'과 '훈육'을 아직도 구분하지 못해 아이에게 복잡한 감정을 쏟아내고는 훈육했다고 착각하는 경우일 수 있다.

상담에 대한 선입견이 있는 사람들은 무조건 공감해주는 것을 상담이라고 생각하기도 한다. 공감은 산소와 같다. 기본이고 필수다. 하지만 공감만으로 아이가 행동의 변화까지 얻기는 힘들다. 그래서 필요한 것이 제대로 된 훈육이다. 잘못한 것은 잘못이라고 하고, 꼭 지켜야 할 것을 지키도록 도와주어야 한다. 그게 제대로 된 훈육이다. 아이 마음을 '따뜻하게' 다독여주고, 안 되는 건 안 된다고 '단단하게' 말해주는 것이다.

상담실을 찾은 수많은 아이에게 화내고 짜증 내는 것 말고 자기 생각이나 감정을 표현하는 다른 방법이 있음을 가르쳤고, 아이들은 잘 배웠다. 아이가 잘 참아냈던 때를 찾아 그런 힘이 마음속에 있음을 확인해주었다. 자신이 얼마나 훌륭한 아이인지 '깨닫도록' 도와주었고, 전혀 몰랐던 새로운 방법이 있음도 깨닫게 도와주었다.

그런 과정을 거치니 아이는 점점 환하게 웃는 일이 많아졌고, 차분하게 자기 마음도 말할 수 있게 되었다. 처음엔 상담실에서만 안정되던 아이가 서서히 집에서도, 유치원에서도 달라졌다는 말을 듣게 되었다. 이제 마음에 들지 않는 일이 있으면 먼저 말하거나 화가 났다고 말로 표현할 수 있게 되었다.

변화된 아이의 모습을 보는 것은 참 기쁜 일이다. 그 과정을 잘 지나온 아이가 너무 대견하고, 제대로 배우려 애쓴 엄마가 기특하면서도 짠하다. 애초에 육아의 방향과 방법에 대한 중심을 잘 잡고 있었다면 굳이 겪지 않아도 되는 시간이었기 때문이다.

아이가 폭발한 상태에서 막기 급급한 훈육은 전문가도 힘들다. 아무리 전문가라도 그런 상황에서도 아이를 잘 훈육할 수 있다고 쉽게 큰소리치지 않는다. 미리 예방하는 훈육과 아이가 폭발하는 순간 대처하는 훈육을 동시에 진행해서 아이가 달라졌다고 가정해보자. 어느 쪽의 힘이 더 크게 발휘되었을까? 당연히 전자다. 대처하는 순간에는 엄청난 에너지와 노력이 필요하고, 그래서 성공하게 되면 힘든 만큼 효과가 클 것 같지만 그렇지가 않다. 이제 훈육 후 아이의 태도를 살펴보자.

	훈육 후 아이의 표정과 태도
A	개운하다. 밝아졌다. 잘하려고 노력한다. 자주 웃는다. 편안해 보인다.
B	표정이 밝지 않다. 여전히 느린 몸짓이다. 눈빛이 무기력하거나 날카롭다. 멍한 시간이 많아진다. 짜증이 많아진다. 문제행동을 여전히 반복한다.

아이의 표정과 태도를 보아도 훈육의 성공 여부가 확연히 드러난다. 성공한 훈육을 보면 부모에겐 따뜻함과 단단함이 있었고, 아이에겐 새로운 깨달음이 있었다. 아이는 엄마 아빠께 감사하며 절대 해서는 안 될 것과 해야 할 것에 대한 단단한 배움을 얻었고, 지금까지와는 다른 생각을 하게 되었다.

아이의 태도에서 힘든 과제도 해내려고 애쓰는 모습이 보이고, 규칙과 약속을 잘 지키려 노력하는 모습도 보인다. 놀 때는 더 밝고 편안해졌으며, 엄마 아빠에게도 더 살갑게 대한다. 훈육이 성공한 증거들이다.

부모에게 이런 시간이 많아졌으면 좋겠다. 엄마 역할 아빠 역할이 힘들기만 한 것 같아도, 아이와 이런 시간을 보내보면 전혀 다른 느낌을 받게 된다. 부모로서의 자긍심이 높아지고, 아이들과 함께하는 시간이 감사하며, 더 좋은 부모가 되고 싶어진다. 이런 것이 바로 성공한 훈육의 증거들이다.

단단함이 부족하면 나타나는 부작용

외국 호텔에서 아침 조식을 먹을 때의 일이다. 조식뷔페에 가니 여러 동양인, 서양인 가족이 있었고, 그중 아이를 동반한 가족이 다섯 팀이 있어 그 아이들의 행동을 흥미롭게 관찰하게 되었다. 3~8살 정도의 8명의 아이를 관찰하기 시작한 지 10여 분이 지나지 않아 한 가지 분명한 사실을 깨달았다. 아이들은 자신이 먹을 음식을 가져온 다음부터는 식탁에 그대로 앉아 얌전히 식사를 했다. 엄마에게 보채지도 않고, 이것저것 먹겠다며 음식투정을 하는 아이도 없었다. 3살 정도 된 아이가 약간 보채는 소리를 내자 엄마는 손가락을 입에 대고 쉿 소리를 내며 조용히 시켰다. 그리고 엄마 접시에 있는 음식 한 가지를 덜어주자 아이도 조용히 가라앉았다.

식사하는 30여 분 동안 일어나서 돌아다니는 아이는 한 명도 없었다. 어떤 형제는 감자튀김으로 칼싸움하듯 장난을 치기도 했고, 어떤 아이는 잠이 덜 깬 얼굴로 별로 맛있게 느껴지지 않는지 그냥 먹어야 하니까 먹는 것처럼 보이기도 했다. 어쨌든 모두 식사가 끝날 때까지 조용히 앉아서 예의를 지키며 밥을 먹었다.

다음 날 다른 식당에서 관찰해도 마찬가지였다. 어떻게 이렇게 아이들이 예의를 잘 지킬 수 있을까? 언젠가부터 우리는 가만히 한자리에 앉아서 식사하도록 가르치는 일이 이상하게 어려워졌다. 식당에서 가만히 있게 하려면 스마트폰을 쥐여줄 수밖에 없다는 답답함을 호소하는 부모가 대부분이다. 그런데 같은 시대를 사는 외국 사람들은 어떻게 아이들이 가만히 앉아서 식사할 수 있게 만들었을까? 그런 가르침은 어떻게 가능했을까?

짐작하는 건 어렵지 않다. 우리에게 잘 알려진 프랑스 육아나 영국 육아나 유대인의 육아를 보면 기본적인 예의를 엄격하게 가르친다. 우리는 어쩌면 강압적인 교육이 너무 싫었던 탓에 어느 순간 민주적이라는 허울을 덮어쓰고 허용적인 태도로 잘못 들어선 건 아닐까?

어느 까페 아르바이트생의 말이 생각난다. 아이들을 데리고 온 세 명의 엄마가 수다를 떠느라 아이들을 돌보지 않았다. 아이들은 옆자리까지 차지하고 어지르며 놀거나 신발을 신고 의자에 올라갔다. 엄마들은 아이들이 까페를 돌아다녀도 훈육하지 않았다. 아이들을 제재하는 것이 조심스러웠던 아르바이트생은 한 가지 아이디어를 냈다. 자리에 앉아서 조용히 그림 그리고 노는 아이에게는 나갈 때 작은 캐릭터 인형을 선물로 주겠다고 말했다. 물론 엄마들 들으라고 한 말이었다. 이후 한 시간 동안 아이들은 자리에 얌전히 있었다고 한다.

5~7살 전후의 아이들의 자기조절력이 갑자기 커진 것은 아니다. 인형 선물

효과도 보통 10분 정도밖에 가지 않는다. 그렇다면 어떻게 한 시간 동안 그림을 그리거나 앉아서 노는 것이 가능했을까? 아르바이트생은 한숨 쉬며 말했다. "훈육을 못하는 게 아니라 안 하는 거였어요." 선물을 준다고 했더니 엄마들이 자리에 앉아 있게 제대로 훈육하며 아이들을 살펴보더라는 말이다.

공공장소에서 공공예절을 지키는 것에 대해 어느새 무디어진 사회적 분위기가 있었고, 허용적인 부모 태도에 대한 오해가 더해져 이런 현상이 나타난 게 아닐까 생각해본다.

이런 무심함이 어느새 우리 문화 전반에 퍼져 기본 공중도덕과 공공예절을 잘 지키지 못하는 아이들이 많아지고 있다. 이건 아이의 문제가 아니다. 단단하게 행동의 경계를 지켜야 하는 훈육이 흔들린 것이다. 만약 민주적인 것과 허용적인 것을 구분하지 못하겠다면 프랑스의 철학자 루소의 말을 빌려 한 번 더 다짐해보자.

"어린이를 불행하게 하는 가장 확실한 방법은 언제든지, 무엇이라도 손에 넣을 수 있게 내버려두는 것이다."

– 철학자 루소

부모는 언제 흔들려서 아이의 문제행동을 허용하게 되었는지, 그 경계를 넘어서는 순간이 언제인지 스스로 파악하기가 어렵다. 다음 사례를 보며 부모가 놓치는 단단함의 경계가 어디인지 살펴보자.

식당에서 만난 5살 정도의 여자아이와 그 엄마의 상호작용을 살펴보았다. 엄마는 음식을 가지러 가고 아이는 혼자 식탁에 앉아 있다. 엄마가 맨 먼저 구운 빵과 잼이 담긴 접시를 아이 앞에 가져다 놓는다. 그리고 다시 음식이 차려진 곳으로 가서 자신이 먹을 음식을 천천히 고르기 시작한다.

아이는 엄마를 기다리는 동안 자기 앞에 놓인 네모난 빵에 잼을 덜어 바르기 시작한다. 고사리 손으로 잼 칼을 꼭 쥐고 서툴지만 야무지게 잼을 바른다. 그런데 아이의 표정이 참 재미있어 보인다. 눈은 반짝반짝 빛나고 입술은 오므린 채 한 손으로 빵을 잡고 다른 손으로 열심히 잼을 바른다. 짧은 시간이지만 잼 바르기 놀이에 푹 빠진 아이의 모습이 정말 흥미로웠다.

이제 엄마가 자신의 음식을 가지고 돌아왔다. 엄마가 돌아오자 아이는 자신의 작품을 엄마에게 보란 듯이 살짝 밀어서 확인시킨다. 엄마는 미소로 답한다. 5분이 넘는 시간 동안 음식을 골라온 엄마는 아이가 먹기 시작하는 모습을 보더니 자신도 음식을 먹기 시작한다. 엄마와 아이의 평화로운 아침 모습이 참 보기 좋았다. 그런데 잠시 후 엄마는 스마트폰을 꺼내 무언가를 검색한다. 그때부터 아이의 행동이 달라진다. 아이는 손을 내밀어 엄마의 스마트폰을 달라고 한다. 한두 번 안 된다고 실랑이를 하더니 결국 엄마는 아이에게 스마트폰을 건넨다. 이제 식탁의 풍경이 완전히 달라진다.

혼자서 잼도 바르고 음식도 잘 먹던 아이는 스마트폰을 쥔 순간 먹는 일은 뒷전이 되었다. 계속 스마트폰만 보는 아이에게 엄마는 잔소리를 시작한다. 잔소리하던 엄마는 결국 아이에게 음식을 먹여주기 시작한다. 아이를 기다리게 한 미안함이 엄마가 원칙을 단단하게 지켜내지 못하게 만든 것일까? 엄마는 단단하게 지켜야 할 가르침의 원칙을 자신도 모르게 허물어버렸다.

마치 아이의 습관이 나빠지기 시작하는 현장을 목격한 느낌이었다. 엄마가 스마트폰을 꺼내지 않았더라면, 꺼내더라도 검색할 것만 검색한 후 바로 집어넣었더라면 엄마가 아이에게 음식을 먹여주며 짜증스러워지는 일은 분명히 생기지 않았을 것이다. 이 장면의 마지막은 어떤 그림으로 끝났을지 짐작해보자. 기분 좋게 밥 먹고 웃으며 일어났을까, 아니면 엄마는 계속 아이에게 잔소리하며 힘겨운 일과를 시작했을까?

유아기는 아이의 행동 습관이 만들어지기 시작하는 시기이다. 이렇게 한순간에 아이의 행동 방향이 달라진다. 어쩌면 엄마는 아이가 기다린 그 시간에 대한 미안함 때문에 보상을 주고 싶었던 것일 수도 있다. 불필요한 미안함은 그냥 마음속에서 무시해도 된다. 미안함이 느껴지거나 보상해주고 싶다면 불필요한 허용이 아니라 따뜻한 칭찬 한마디, 아이가 노력한 부분에 대한 칭찬이면 충분하다.

. . .

잘 기다려 줘서 고마워. 잼을 아주 멋지게 바르는구나. 어떻게 그렇게 꼼꼼하게 바를 생각을 했어? 먹는 것도 참 잘 먹네.

바로 이것으로 아이는 올바른 행동을 자신의 것으로 받아들이게 된다.

단단하게 말하는 연습

이제 다른 사례도 한번 살펴보자. 훈육이 실패한 경우 무엇이 원인이었는지 눈에 보이기 시작한다면 아이를 훈육해야 하는 상황에서 전과 다른 훈육으로 방향을 전환할 수 있을 것이다. 식사 전에 과자를 먹으면 안 된다는 경계를 세워 약속했으면 아이가 과자를 달라고 떼를 써도 한 번만 제대로 말하면 된다. 다리를 굽혀 아이와 눈높이를 맞추고 부드럽게 눈을 바라보며 안정된 목소리로 천천히 말해보자.

• • •

밥 먹기 전에 과자는 안 돼. 네가 밥을 다 먹으면 후식으로 쿠키 한 개를 먹을 수 있어. 네가 계속 울어도 규칙은 변하지 않아. 지금 네가 할 일은 그만 울고 밥 먹을 준비를 하는 거야.

이렇게 말해도 물론 아이는 더 떼를 쓸 수 있다. 이제부터가 '강화를 주지 않기'의 시작이다. 아이가 울어도 된다. 아직 조절력이 생기지 않은 아이가 울음을 멈추기란 어렵다. 게다가 울고 떼써서 밥 먹기 전에 과자를 먹어본 경험이 있는 아이라면 절대 쉽게 포기하지 않는다. 우리 아이가 이런 경우라면 다음과 같은 대화도 필요하다.

• • •

전에 엄마가 잘못한 적이 있어. 그러면 안 되는데 과자 먹는 걸 허락했지. 엄마가 잘못해서 반성 많이 했어. 오늘부터는 절대 이 규칙을 어기지 않을 거야. 네가 아무리 울어도 이제 꼭 지킬 거야. 이제 그만 울고 밥 먹을 준비해.

좋은 부모가 되어 아이를 잘 키우고 싶은 부모일수록 명령형의 언어를 꺼리는 경향이 많다. "해!", "안 돼!"라는 말을 사용하면 왠지 나쁜 부모인 것 같고, 아이에게 상처를 준 것 같은 느낌이 드는 것이다.

좋은 부모가 훈육에 실패하는 이유 중의 하나가 명령형의 언어를 사용하지 않아 단단한 경계가 어디인지 아이에게 가르치지 못한 것이다. 해야 하는 것은 해야 하는 것이고, 안 되는 것은 절대 안 된다는 약속을 단단하게 지켜야 한다. 부모는 울고불고 떼쓰는 아이를 보면 마음이 아프다. 그래서 안 된다고는 했지만 부모 자신도 모르게 그 경계를 허물기 시작한다.

본능적으로 아이들은 부모가 말한 내용에서 자신이 비집고 들어갈 틈을 알아차린다. 어떤 부분에 빈틈이 있는지 알아차리고 그 틈 사이로 자기가 원하는 것을 얻으려 한다. 허술한 부모의 말 틈 사이를 비집고 들어오는 아이들을 보며 그 뛰어난 언어감각에 놀라는 경우가 많다. 한번 살펴보자.

상담센터에 오면 이 방 저 방의 문을 열어보는 아이가 있었다. 소장실도 열려고 하기에 온화하고 부드러운 목소리로 이렇게 말했다.

★★★
소장실에는 안 들어가길 바래.

•••
그럼 들어가도 된다는 말이잖아요.

***

헉! 앗, 나의 실수! 말 다시 할게. 상담할 때만 들어갈 수 있어. 지금 들어가면
안 돼.

이렇게 말하니 아이는 씨익 미소 지으며 손잡이에서 손을 뗀다. 아이의 잘못
일까? 내가 말을 잘못한 걸까?

식당에서 한 아이가 작은 노끈을 가지고 줄넘기하듯 콩콩 뛴다. 엄마가 말한
다. "식당이니까 뛰지 않았으면 해." 정말 민주적인 표현이다. 그런데 너무 민
주적이었는지 아이는 멈추지 않는다. 가까운 식탁에 앉아 있던 남자 어른이 못
마땅하게 쳐다보고 있다. 아이는 계속 뜀뜀기를 하고, 엄마는 한 번 더 말했지
만 아이는 멈추지 않았다. 이제 더 이상 참지 못한 남자 어른이 한마디 한다.
"먼지 나니까 뛰지 마라." 그제야 아이가 행동을 멈춘다. 이렇게 민망할 수가!
엄마가 진작 "하지 마! 멈춰!"라고 단단하게 말했어야 했다.

"이건 하지 않았으면 좋겠어." "그러지 않았으면 좋겠어." "네가 알아서 해야
지." 이런 말에 아이가 왜 행동을 바꾸지 않았는지 이제 그 이유를 알겠는가?
부모의 말 속에 빈틈이 있었다. 해도 된다고 허용하는 의미가 분명히 있었다.

아이는 바람직한 행동을 스스로 선택하는 힘을 길러야 한다. 하지만 무엇이
바람직한 행동인지 아직 개념이 생기지 않았다면, 하면 안 되는 건 명확히 알려
주어야 한다. 그 이유도 함께 설명하면 아이는 충분히 납득하고 더 이상 고집부
리지 않는다.

"네가 다칠까 봐 걱정돼." 이런 말도 별로 효과가 없다. 돌아오는 말은 "전 괜

찮아요"라는 말뿐이다. "왜 그래야 해요?" 이렇게 당돌한 질문도 종종 듣게 될 것이다. 그럴 땐 "이건 네가 숨 쉬고 밥 먹고 잠을 자는 것처럼 당연한 거야. 사람이라면 꼭 지켜야 하는 거야"라고 말해주어도 된다. 이유를 조곤조곤 설명해도 계속 "왜 그래야 하는데요?"라고 따진다면 이유를 듣고 싶은 것이 아니다. 끝까지 우기고 떼써서 원하는 걸 얻고 싶은 것이다. 이때는 "말장난 그만!"이라고 단단하게 말해주면 멈춘다.

아무리 싫어도 해야 할 것이 있고, 하고 싶어도 절대 하면 안 되는 것이 있다. 아이가 꼭 지켜야 할 일이라면 지시어와 명령어를 사용해야 한다. 그래야 아이가 명확하게 개념을 만들어갈 수 있다.

진정으로 성공한 훈육의 핵심은 '따뜻하고 단단하게'였다. 그렇다면 따뜻함과 단단함의 순서는 어떻게 하면 좋을까? 따뜻함과 단단함의 순서는 아이에 따라, 상황에 따라, 훈육의 종류에 따라 달라질 수 있다. 가르치는 훈육에서는 확실히 따뜻함이 먼저인 것이 중요하다. 아이가 감성적이고 여리다면, 처음과 끝이 따뜻한 것이 좋다. 하지만 상황 발생 시 대처하는 훈육에서는 단단함이 먼저 필요할 때가 있다. 떼쓰며 뒹구는 아이, 동생을 한 대 치겠다고 발버둥치는 아이를 멈추게 하려면 단단함이 먼저 필요하다.

1학년에서 2학년이 된 아이에게 두 선생님의 차이점이 무엇인지 질문했다. 왠지 비교하는 질문이 부담스러웠는지 대답을 망설인다. 질문을 바꾸었다. 두 선생님의 비슷한 점은 뭐야? 그랬더니 쉽게 말하기 시작한다.

• • •

A선생님도 재미있고 B선생님도 재미있어요. 근데 A선생님이 더 나은 것 같아요.

★★★

왜?

• • •

A선생님은 약속은 꼭 지켜야 한다고 했는데, B선생님은 제가 안 지켜도 아무 말 안 해요. 그래서 전 A 선생님이 더 나은 것 같아요.

아이들은 어른이 단단하게 자신을 바로 잡아주길 바란다는 사실을 꼭 기억해야 한다. 따뜻한 훈육과 단단한 훈육은 순서의 개념이라기보다 공존의 개념으로 이해하는 것이 더 타당하다. 단단하면서 따뜻해야 하고, 따뜻하면서 단단해야 한다. 해야 하는 것, 하면 안 되는 것은 단단하게 가르치고 동시에 힘든 마음은 따뜻하게 다독여주자. 따뜻함과 단단함이 탄탄하게 이루어진다면 이제 우리 아이의 행동을 변화시키는 깨달음의 훈육을 할 수 있다.

'무시하기 훈육법'이 성공하기 위해서는

앞에서 '무시하기'란 '강화 주지 않기'라는 의미임을 설명했다. 하지만 일반적으로 쓰이는 용어가 '무시하기'이니, 그 말을 그대로 사용해서 무시하기 기법을 성공적으로 사용하는 방법에 관해 짚어보려 한다. 강화를 주지 않는다는 개념을 명확히 기억하면서 6살 혜윤이의 훈육이 성공할 수 있었던 이유가 무엇이었는지 살펴보자.

엄마가 설거지하는 동안 혜윤이가 몰래 엄마 스마트폰을 꺼내 좋아하는 동영상을 찾아보기 시작했다. 절대 엄마 몰래 스마트폰을 만지지 않기로 약속했었기 때문에 엄마는 혜윤이를 보자마자 큰 소리로 혼을 냈다. "당장 내려놔. 빨리!" 엄마의 큰소리에 놀란 혜윤이는 스마트폰을 내려놓긴 했지만 징징거리기 시작했다. 엄마는 스마트폰을 치우고 다시 부엌으로 돌아와 일하기 시작했다. 징징거림이 점점 커져서 울음이 되었다.

"네가 아무리 울어도 안 되는 건 안 돼. 울음 그칠 때까지 엄마는 너하고 얘기하지 않을 거야."

이렇게 말한 엄마는 아무 일도 없는 것처럼 부엌일을 계속했다. 혜윤이를 쳐다보지도 않았고, 울음을 그치라는 말도 하지 않았다. 부정적 강화를 주지 않은 것이다. 한참을 그렇게 울다 지친 혜윤이의 울음이 잦아들기 시작했다. 성공적이다. 정확하게 말하면 울음이 멈추었으니 성공적으로 보이는 것이다. 하지만 진짜 승패가 갈리려면 아직 멀었다.

진짜 무시하기가 성공하기 위해서는 그다음 단계가 중요하다. 이제 엄마는 혜윤이를 부드럽게 부른다. "혜윤아, 이리 와." 눈치 보듯 쭈뼛거리며 다가온 혜윤이를 고무장갑을 벗고 포근하게 안아주며 말했다. "잘했어. 힘들었지? 잘 참았어. 기특해." 엄마 말을 들은 혜윤이는 다시 눈물이 핑 돈다. 하지만 그 눈물의 의미는 아까와는 다르다. 참기 힘들었던 마음을 알아주는 엄마가 감사하고 고맙다. 힘든 걸 해낸 사실을 칭찬해주는 엄마를 너무 사랑한다. 다시는 그러지 말아야겠다는 마음이 절로 올라온다.

혜윤이가 성공적으로 마음을 진정하고 자기 잘못을 깨달을 수 있었던 이유는 무엇이었을까? 무시하기 기법까지만 사용했다면 과연 이렇게 아름다운 마무리가 가능했을까? 혜윤이가 다음엔 그러지 말아야겠다고 결심할 수 있었을까? 학자들은 무시하기가 성공하려면 무시하기만을 사용해선 어렵다고 말한다. 바람직하지 못한 행동의 소거와 바람직한 행동의 정적 강화를 함께 사용하라고 말한다.

'정적 강화'란 혜윤 엄마가 아이의 울음이 멈춘 다음에 보여준 행동 같은 것이다. 엄마가 바라는 목표 행동이 나타났을 때 지지하고 격려하는 긍정적인 자극을 주어 그 행동의 발생률과 지속시간을 증가시키는 것이다. 지금까지 무시하기가 실패했다면 바로 이 부분이 빠져서라고 해도 과언이 아닐 것이다. 혜윤이 엄마는 부정적 행동에 강화를 주지 않았고, 바람직한 행동에 강화를 주었다.

가끔이라도 이 방법을 사용하고 싶다면 용어를 다르게 생각하기 바란다. '무시하기'가 아니라 '강화 주지 않기'이다. 그리고 아이가 잘못된 행동을 멈추면 반드시 따뜻하게 다독여주어야 한다. 그래야 성공적인 훈육으로 마무리된다. 이 기법을 성공적으로 사용하기 위해서 시작 전에 꼭 살펴보아야 할 것이 있다.

첫째, 무시하려는 행동이 무시해도 되는 행동인지 구분해야 한다. 위험한 행동이거나 파괴적인 행동이라면 무시하기는 위험하다. 당장 멈추게 해야 한다. 절대 하면 안 되는 행동임을 알리고 힘을 써서라도 멈추게 해야 한다. 두 아이가 엉겨붙어 싸우는데 저러다 말겠지 하고 그냥 놓아두는 건 위험하다. 놓아둘수록 아이들은 그런 행동을 허용받은 줄 알고 더 심하게 군다. 부모는 힘을 안전하게 사용할 줄도 알아야 한다.

'힘'이 '폭력'을 말하는 것은 아니다. 아이의 안전을 지키면서 동시에 문제행동을 못하게 막는다는 의미이다. 흔히 말하는 "내버려둬, 저러다 말겠지"라는 말을 조심해야 한다. 위험하고 파괴적인 행동에 익숙해진 아이는 절대 포기하지 않고 계속 반복하게 된다. 달라져야 하는 문제행동을 무시하고 내버려두는 것은 위험하다.

둘째, 소거하는 행동을 정했으면 아무리 세게 나와도 그 행동을 참아내야 한다. 한마디로 중간에 그만둘 거면 차라리 시작하지 않는 게 낫다는 말이다. 소리 지르는 행동을 고치기 위해 무시하기 기법을 사용했다면 아이가 아무리 소리를 질러도 절대 중간에 나서서는 안 된다. "도저히 안 되겠네" 하고 보상을 주든 아니면 더 혼을 내든 이렇게 반응하면 '소리를 지르면 원하는 걸 얻는다'는 사실만 더 강화시키는 결과를 낳는다.

셋째, 문제행동을 무시하면 더 심한 공격적 반응이 나타나거나 소거 발작이 나타날 수 있다는 점을 알아야 한다. '소거 발작'이란 소거 과정에서 문제행동이 더 빈번하게 나타나는 것을 말한다. 소리 지르기를 무시했더니 전보다 더 빈번하게, 지속적으로 더 크게 울거나 또 다른 공격적 행동이 나타나는 현상이다.

개인적으로 무시하기 방법은 참 어렵다고 생각한다. 이 과정을 견뎌내는 일이 부모에게도 너무 힘든 일이기 때문이다. 이제 무시하기가 왜 실패했었는지 정리가 될 것이다. 따뜻하고 고맙다고 느낄 때 아이는 행동을 바꾼다. 무시하기 방법을 쓰더라도 이 사실만은 잊지 말자.

꼭 알아야 할 '야단친 후 30분 법칙'

훈육이 성공했다는 증거를 가장 간단히 말하면 편안한 웃음이다. 오늘 훈육을 했는데도 저녁시간에 아이와 즐겁게 웃을 수 있다면 그날의 훈육은 분명히 성공적이었다. 그런데 훈육을 진행하면서 아이가 너무 많이 울거나, 부모 마음이 너무 아팠다면 훈육은 아직 끝나지 않은 것이다. 잘못하면 실패로 끝날 수도 있고, 마음에 상처가 남을 수도 있다. 부모는 훈육이라고 시작했지만 어쩌면 그건 훈육이라기보다 그냥 야단친 것일 수 있다.

훈육과 야단친 것을 구분해보자. 야단친다는 것은 소리 높여 호되게 꾸짖는다는 말이다. 꾸짖는다는 것은 아랫사람의 잘못에 대하여 엄격하게 나무라는 것을 말한다. 훈육과 야단치는 것의 가장 큰 차이는 훈육은 가르치는 것이고, 야단은 엄격하게 나무라고 꾸짖는 것이다. 그러니 야단쳐 놓고 훈육했다고 헷갈리면 안 된다. 혹시라도 훈육한 뒤 마음이 불편하다면 대부분 야단친 것일 경우가 많다.

야단맞은 아이는 계속 울거나 멍하니 있거나 겁먹은 상태다. 정서를 조절 하는 뇌신경은 적절한 각성상태에 있을 때 기능이 잘 발휘가 된다. 훈육하거나 야단치는 동안 아이가 겁을 먹거나 억울해하거나 화가 나는 상황이 자주 발생한다면 아이는 자율신경계의 조절이 어려워져 작은 자극에도 쉽게 예민해지고 화를 잘 내는 성격이 될 수 있다. 그러니 야단치는 것으로 시작하더라도 따뜻한 훈육으로 제대로 마무리할 수 있어야 한다.

야단친 후에는 30분 이내에 아이를 안아주고 다독여주어 마음에 남은 앙금을 씻어주어야 한다. 부모가 지나치게 화를 냈거나 소리가 너무 컸거나 체벌이 동반되었다면 반드시 30분 안에 아이에게 사과하는 것이 좋다.

온종일 아이와 있어 보면 아이를 야단쳐야 할 경우가 너무 많다. 아이가 말을 안 듣고 말썽을 부릴 때마다 정신 차리고 훈육하기란 쉽지가 않다. 마음을 따로 먹어야 가능한 가르치는 훈육에도 익숙지 않다 보니 일단 상황을 진정시키기 위해 부모가 가장 자주 사용하는 방법은 야단치기가 된다.

야단을 칠 수밖에 없는 상황도 있기 때문에 야단칠 때 조심해야 할 점도 알아보자. 일단 야단칠 때 체벌은 절대 금지다. 혹시라도 부모가, 특히 아빠가, 체벌에 대한 추억이 있고 체벌해야 아이가 정신을 차릴 거라는 잘못된 신념을 가지고 있다면 이제 그런 생각은 버려야 한다. 세상은 바뀌었고, 체벌은 절대 용납되지 않는 폭력이며 범법행위다. 아이를 때리는 엄마들과 이야기해보면 아빠의 체벌에 더 무게를 두고 말한다. 당연히 아빠의 체벌이 더 치명적이다. 하지만 상대적으로 약해 보이는 엄마의 체벌도 체벌임을 기억해야 한다.

이제 야단친 후 부모가 꼭 해야 할 30분 법칙을 알아보자. 아이를 혼낸 뒤 30분 이내에 엄마 아빠가 아이와 꼭 나누어야 할 4가지 대화이다. 아이 마음이 안정되고 편안해질 수 있도록 꼭 이런 대화를 나누기 바란다.

야단친 후 30분 법칙

1. 혼나서 놀라고 무서운 마음을 다독여주고 이유를 설명한다.

혼이 난 아이는 겁에 질려 있다. 자신이 무엇을 잘못했는지 모르는 경우가 더 많다. 부모는 굉장히 논리적으로 말했다고 생각할 수 있지만 아이 입장에서는 그렇지 않다.

"아까 많이 무서웠지? 엄마가 너 미워서 혼낸 거 아니야."

"어떤 일이 있어도 동생을 때리면 안 되는 거야. 그래서 혼낸 거야."

이렇게 혼낸 이유를 다시 간략하고 명료하게 설명해주어야 한다. 그런데 부모가 체벌을 사용하는 경우라면 아이는 전혀 다른 생각을 하고 있을 수도 있다. 아빠 엄마도 자기를 때렸는데 왜 자기는 동생을 때리면 안 되는지 이해하지 못할 수 있다. 그럴 땐 앞으로 엄마 아빠도 때리지 않을 거라고 약속해야 한다.

2. 혼나는 동안 엄마 말을 잘 들어줘서 고맙다고 표현한다.

혼나는 동안 아이들은 부모 말을 듣고 있다. 무서워서 들을 수밖에 없었겠지만 그래도 들어줘서 고맙다는 말을 전해야 한다. 이 정도의 표현으로도 아이는 마음이 편해지고 감사함을 느끼기 시작한다.

3. 혹시 아직 마음에 남은 억울함이나 속상함이 없는지 질문한다.

혼난 아이들은 대부분 억울함을 호소한다. 엄마가 소리 안 지른다고 해놓고 또 소리 지른 것도 억울하고, 동생은 놔두고 맨날 자기만 혼나는 것도 억울하다. 그러니 오늘 또 혼난 아이는 또 다른 원망 한 가지가 더 마음에 쌓일 수 있다. 그러므로 꼭 억울하거나 속상한 게 없는지 질문해야 한다. 아이가 억울하다고 하는 게 있으면 논리적으로 따지려 하지 말고 "그렇게 많이 억울했구나" 하고 아이 마음을 있는 그대로 수용해주어야 한다. 지금은 가르치려는 게 아니라 야단친 후 마무리를 위한 대화이다. 만약 다시 논리적으로 아이의 잘못을 가리기 시작하면 이날의 대화는 분명히 실패로 끝나게 된다. 꼭 가르쳐야 할 내용이라면 다음 날 다시 시간 잡아서 따뜻하고 단단하게 가르치는 훈육을 시행하기 바란다.

4. 안아주고 토닥이며 사랑한다고 말해준다.

언제나 마무리는 감정적 소통이다. 아이를 안아주고 토닥여주고 사랑한다고 말해주어야 한다. 그래야 아이 마음에 상처가 남지 않고 야단맞은 사건에 대한 감정적 찌꺼기가 남지 않는다.

6장

훈육이
필요없는
훈육법

긍정적 의도를 찾아주면
훈육이 필요 없어진다

아이는 배워야 할 것이 참 많다. 상황에 맞게 예의 바르게 행동하고 당당하게 자기표현도 하고, 해야 할 일과와 과제를 거뜬히 해내며 자신감 있고 당당한 모습으로 자라야 한다. 그런데 현재 우리 아이 행동은 그렇지가 못한 경우가 많다. 하지만 우리가 놓치면 안 되는 부분이 있다. 아이들도 부모와 똑같은 바람을 가지고 있다는 점이다. 아이들도 예의 바르고 멋진 사람이 되고 싶어 한다.

아이의 문제행동을 걱정하는 부모들의 사례를 통해 아이 행동 속에 숨어 있는 긍정적 의도를 찾아보자. 문제로 보이는 행동일지라도 그 속에 아이가 노력한 부분이 있고, 올바른 행동이 무엇인지 알기에 잘하려고 애쓴 부분도 있다. 아이 마음속 긍정적 의도를 찾아내는 부모의 능력이 높아지면 아이의 행동도 달라질 거라 확신한다.

부모 세대와 달리 진짜 놀이도 사라지고 자연도 너무 멀리 있어 심리적 자연

치유 기능이 사라진 시대를 사는 우리 아이들은 마음속에서 빛나는 자기를 발견하고 그 빛을 등대 삼아 살아가야 한다. 그것이 바로 우리 아이 마음속의 '긍정적 의도'이다. 사례를 통해 아이의 긍정적 의도를 재발견해나가면서 우리 아이에게 적용해보자. 훌륭한 모습으로 변화하는 아이를 만나게 될 것이다.

한 가지만 미리 연습해보자. 아이가 10분이면 끝낼 숙제를 1시간째 붙들고 씨름하고 있다. 당연히 숙제하기 싫어서 그런 것이지만 지금까지 빨리 숙제하라고 백번 말해도 소용없었다면 이제 그 숙제를 '그래도 집어던지지 않고 붙들고 있는' 아이의 긍정적 의도와 노력을 찾아보자. 무엇이 보이는가? 하기 싫어 징징거리지만, 그래도 자기가 해야 한다는 걸 알기에 붙들고 있는 것이다. 안 한다고 하면 엄마에게 혼날까 봐 그런 것일 수도 있지만, 혼나고 싶지 않아서 붙들고 있는 것도 아이의 노력이다. 엄마를 화나게 하고 싶지 않은 것도 아이의 긍정적 의도로 볼 수 있다.

큰아이가 늘 동생을 때려서 속상한 엄마는 저러다 친구도 때리고 다니면 어떡하느냐며 아이의 잘못된 성질을 걱정한다. 동생을 때리는 아이의 행동은 분명히 달라져야 할 문제행동이다. 하지만 백만 번 안 된다고 설득하고 충고해도 소용이 없다. 이럴 때 필요한 것이 바로 아이 마음속 보이지 않는 긍정적 의도와 노력을 알아주는 것이다.

한번 살펴보자. 큰아이가 있는 힘껏 동생을 때리는가? 절대 그렇지 않다. 큰아이가 정말 있는 힘껏 동생을 때렸다면 동생은 크게 다쳤을 것이다. 때리긴 하지만 참아야 한다는 생각에 힘을 조절해서 때린다. 동생을 때려도 위험한 부위와 얼굴을 피해 등이나 팔을 때린다면 그 또한 아이가 나름 조절하려 애썼다는 의미다. 때리는 시늉만 하며 동생을 윽박지르고 있다면 때리지 않으려고 엄청나게 노력하고 있는 것이다. 이렇게 긍정적 의도를 찾아 말해주면 우리 아이의 행동이 달라지기 시작한다.

아이 마음속의 긍정적 의도 찾기

Q 5살 아들이 행동이 너무 느려요. 밥 먹을 때도 옷 입을 때도 너무 느려서 "그럴 거면 하지 마! 그럼 어린이집 다니지 말아야지" 하고 극단적인 말을 하게 되네요. 아직은 다그치면 움직이긴 하는데, 스스로 하는 건 아니니 더 심각해질 것 같아요. 게다가 지금 제가 하는 말이 언젠가는 아이에게 상처가 되겠죠. 어떻게 하면 좋을까요?

행동이 느린 건 아이의 성격일 수도 있고, 아직 습관이 되지 않아서일 수도 있다. 아이가 조금 더 시간 맞추어 행동하길 바란다면 느린 행동 속에 숨어 있는 아이의 긍정적 의도를 찾아 말해주어야 한다.

• • •

느려도 끝까지 하려고 애쓰는구나.

천천히 꼼꼼하게 하고 싶은 거야?

시간이 좀 더 있으면 여유 있게 할 텐데, 그렇지?

하기 싫어도 엄마가 말하면 들어주려고 애쓰는구나.

Q 5세 아들입니다. 지기 싫어하는 아이예요. 지면 난리가 납니다. 게임을 할 때도 그 럽니다. 언제가 되면 좋아질까요?

이기기 위해 아이가 하는 노력은 참 많다. 빨리빨리 게임을 진행하려고 하 고, 더 열심히 생각하고, 규칙을 어기고 싶은 마음도 참아야 하고, 더 잘하기 위 해 전략도 세워야 한다. 누구보다 치열한 마음으로 놀이에 임한다. 그러니 아 이의 그런 노력을 먼저 알아주어야 편안하게 즐기며 더 잘하기 위해 노력하는 아이로 성장한다.

•••

이기고 싶어서 더 열심히 하는구나.

작전도 열심히 세우네.

질까 봐 불안한 마음을 잘 조절하는구나.

반칙 쓰고 싶은 마음이 들 수도 있는데 그런 마음을 잘 참을 줄 아는구나.

Q 사소한 것도 하나하나 물어보는 9살 여자아이 엄마입니다. "화장실 가도 돼? 귤 먹어도 돼? 놀아도 돼?" 혼자 생각하고 스스로 결정할 수 있는 아이로 키우고 싶 은데, 그런 건 묻지 말라고 해도 계속 물어요. 어떻게 해야 할까요?

충분히 스스로 결정할 수 있는 것도 물어보는 건 부모의 양육태도와 아이의 성격이 합쳐지면서 나타나는 행동 특성이다. 부모는 의도하지 않았지만 이런 현상이 나타났다면 아이가 좀 더 주도적으로 표현할 수 있도록 도와주어야 한다. 아이는 어떤 긍정적 의도를 가지고 있을까? 엄마한테 허락을 구하는 건 일단 엄마가 화내지 않기 바라는 것이다. 엄마에게 혼나지 않기 바라고, 허락을 받아서 안심하고 행동하고 싶다. 그래야 마음이 편하다는 의미이다.

...

의견 물어봐 줘서 고마워.

엄마가 허락해주면 마음이 편안하구나.

엄마 허락을 받아서 기분 좋게 하고 싶구나.

이런 말을 해주어야 아이도 안심하고 다르게 행동할 수 있다. 다만 긴 시간 동안 습관이 되어 변화가 어렵다면 아이에게 새로운 개념이 필요하다. 스스로 결정할 일과 의견을 묻거나 허락을 구해야 할 일을 구분해서 써보자. 종이를 반으로 접어 맨 위에 제목을 쓰자. 이런 간단한 활동이 아이에게 새로운 깨달음을 주어서 행동이 달라지게 도와준다.

스스로 결정할 일	엄마의 의견을 물어보거나 허락받을 일
1.	1.
2.	2.
3.	3.

Q 아이가 숙제를 시작하기도 전에 숙제가 많다고 짜증을 내고 징징거립니다. 숙제하라고 하면 책만 보고 있고, 결국 제가 화를 내면 숙제를 하더라고요. 날마다 이런

생활이 반복이에요. 어떻게 해야 달라질까요?

숙제는 언제나 학부모에게 가장 큰 과제이다. 아이에게도 마찬가지이다. 숙제만 없으면 좋겠다는 생각을 품고 산다. 그만큼 숙제가 힘들고 부담스럽다는 것을 먼저 헤아려주어야 한다. 그럼에도 숙제가 많다고 하소연하는 아이는 마음속에 긍정적 의도가 있다.

• • •

너도 숙제를 잘하고 싶구나.

숙제를 잘하고 싶은데 너무 많아 부담스럽구나.

숙제가 조금만 적어도 쉽게 할 수 있을 텐데 말이야.

숙제를 쉽게 할 방법이 있으면 배우고 싶지?

이런 대화면 충분하다. 조금 더 대화하고 싶다면 엄마가 어떻게 도와주면 좋을지, 혹시 친구와 함께 숙제하는 건 어떤지 대안을 제시해보자. 기분 좋게 숙제를 마무리하는 아이를 볼 수 있게 된다.

Q 초등학교 3학년 남자아이입니다. 남자아이지만 다행히 숙제와 공부는 꼬박꼬박 잘하는 편입니다. 하지만 게임에 너무 빠지는 것 같아요. 숙제도 게임을 하기 위해서 후다닥 해치우는 건 아닌지 걱정이 돼요. 약속한 시간만큼 하고 멈추기는 하지만 저는 게임 시간을 줄이고 싶어요. 어떻게 말하면 좋을까요?

훌륭한 아이임에도 엄마의 바람은 끝이 없다. 누구나 그런 마음이 들 것이다. 하지만 이때 아이의 노력과 긍정적 의도를 아무도 알아주지 않는다면 게임 시간이 줄어드는 게 아니라 오히려 공부에 소홀해지거나 다른 정서적 문제가 생길 수 있다.

* * *

넌 네가 할 일은 꼭 하는 사람이구나. 멋있다.

게임 때문에 집중하기 힘들 텐데 열심히 집중하는구나.

무슨 일이 있어도 약속은 꼭 지키려 애쓰는구나.

누군가 내 진심을 알아주면 행동이 달라진다. 엄마 눈에 보이지 않아도 아이가 노력하고 있다는 점을 의심하지 말자. 아이의 문제행동 속에 숨어 있는 긍정적 의도를 찾아 말해주는 것은 훈육 과정에서 반드시 필요하다.

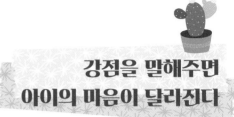

강점을 말해주면
아이의 마음이 달라진다

약속을 잘 어기는 아이

늘 약속을 어겨서 엄마에게 종종 혼이 나는 아이가 있다. 초등학교 2학년 주현이 이야기이다. 주현이는 약속을 참 잘한다. "7시에 숙제할 거지?" "네, 할게요. 걱정하지 마세요." 말은 청산유수다. 하지만 행동은 전혀 다르다. 7시가 되어도 아이는 숙제를 시작하는 법이 없다. 아이를 붙들고 "왜 지키지도 못할 약속을 그렇게 하느냐. 약속했으면 지켜야지 왜 안 지키냐?" 등등 아무리 설득하고 혼을 내도 아이의 행동은 변하지 않았다.

약속할 때 아이의 의견을 물어서 정해보기도 했다. 하지만 주현이는 변하지 않았다. 이제 엄마도 지치고 아빠는 몽둥이로 때려서라도 버릇을 고쳐주어야 한다고 소리 지른다. 어쩌면 주현이는 순간순간의 화를 모면하는 데 급급한 것일 수도 있고, 마음은 있어도 정말 하기가 어려운 것일 수도 있고, 아무런 동기나 의욕이 없어서 하기 싫은 것일 수도 있다. 어떻든 아이가 자신의 과제를 제대로 하지 않는다면 분명히 훈육이 필요하다.

어떤 방법을 시도해도 잘 안 된다면 무조건 아이의 훌륭한 점부터 찾아서 말해주는 것이 필요할 때가 있다. 심리적 자양분이 부족한 아이일 경우 더더욱 그렇다. 자신감도 없고 자존감도 낮은 아이, 눈치만 보고 정작 제대로 해내는 것은 없는 아이들을 잘 살펴보면 자신감, 자존감이 모두 바닥인 경우가 많다. 이럴 땐 행동 하나하나를 짚어 훈육하기보다 아이의 심리적 에너지를 채워주는 작업이 더 우선이다. 훈육의 관점으로 말한다면 자신에 대한 깨달음의 훈육이 필요하다. 자기 밖의 사람이나 사물과 사건에 대한 깨달음보다 더 중요한 자신에 대한 깨달음 말이다. 자신이 얼마나 좋은 사람인지, 훌륭한 사람인지, 이미 잘하고 있는 것도 많고 앞으로 잘할 수 있는 건 더 많다는 것을 깨달아야 한다.

주현이의 강점은 무엇일까? 주현이는 대답을 참 잘한다. 아이가 대답하지 않아서 속 터지는 부모가 얼마나 많은가? 주현이는 걱정하지 말라는 말로 상대방의 마음을 진정시킬 줄 아는 강점이 있다. 약속을 정할 때 생각을 물었는데도 지키지 못할 약속을 한다는 건, 엄마의 바람을 너무 잘 알고 있다는 의미이다. 이 또한 상대방의 마음을 배려할 줄 아는 강점이라고 볼 수 있다.

또한, 주현이는 반복되는 약속의 과정에서도 별로 짜증을 내지 않는다. 청산유수로 말한다는 것은 아이가 찌푸리지 않고 엄마와 대화를 할 줄 안다는 것이다. 이 또한 아주 훌륭한 성격 강점이다. 그러니 약속을 잘 지키지 않는다고 혼내기 전에 주현이의 아주 사소한 행동에서 강점을 찾아 말해주어야 한다.

...

너는 짜증 내지 않고 말할 줄 아는 것 같아. 엄마 마음을 잘 배려해. 상대방 마음을 안심시킬 줄 알아.

이런 말을 들려주고 나면 아이는 분명 조금이라도 약속을 지키려는 노력을 보이기 시작할 것이다. 그렇다면 이제 아이가 꼭 지킬 수 있는 약속을 정할 수 있도록 도와주어야 한다.

...

저녁 7시에 숙제하는 데 어려운 점이 있는 것 같아. 어떻게 하면 네가 힘들지 않고 할 수 있을까?

이렇게 질문하며 대화를 진행해보자. 아이가 나름대로 성공적인 전략을 가지고 있음을 확인할 수 있을 것이다. 많은 실수와 잘못을 하고 있지만, 그럼에도 잘하는 점을 찾아 말해주어야만 아이는 자신을 믿고 올바른 행동을 할 수 있게 된다.

나는 상담실에서 아이들의 강점을 찾아 종종 들려준다.

***

넌 훌륭한 점이 참 많구나. 침착하게 생각하는구나. 새로운 걸 좋아하는구나. 호기심이 많구나. 유머를 좋아하는구나. 배려를 잘하는구나.

이런 말을 들은 대부분 아이가 가장 먼저 하는 말은 "내가 그런가?"라는 혼잣말이다. 이런 말을 별로 들어본 적도 없어서 자신이 어떤 강점을 가진 사람이라는 걸 전혀 모르고 있다는 의미다. 성장하는 아이들이 깨달아야 할 가장 중요한 것은 자신이 어떤 사람인지 깨닫는 것이다. 아이에게 문제점만 알려주고 있다면 정말 잘못하고 있는 것이다. 아이를 잘 훈육하려면, 제대로 가르치려면, 먼저 우리 아이에게 얼마나 훌륭한 점이 많은지 찾아서 알려주자. 스스로 자신이 얼마나 좋은 사람인지 깨달아야 아이는 좋은 행동을 선택하게 된다.

학교 폭력의 가해자 부모 교육에서 만나는 부모들을 보면 마음이 아프다. 자신의 아이가 그런 일에 연루될 거라 상상해본 부모는 없다. 아이가 혹시 피해자가 될까 걱정하고 불안하긴 했어도 가해자가 되리라고는 꿈에도 생각지 못했던 일이다. 그런 만큼 부모의 충격은 말로 표현할 수 없을 정도다. 문제투성이인 아이를 어떻게 도와주어야 앞으로 달라질 수 있을지 질문하는 그들에게 우선 한 가지 과제를 내주었다. 우리 아이의 강점 10가지를 찾는 일이다.

지금 현재 심각한 문제가 드러난 아이에게서 강점을 찾으라니 막막한가 보다. 정말 어려워한다. 시간이 흘러도 아무것도 쓰지 못하는 부모도 있고, 쓰긴 쓰지만 한두 개 쓰고는 더 없는 것 같다고 말하는 부모도 있다. 과연 지금 문제가 확연히 드러났다고 해서 우리 아이에게 강점이 없는 것일까? 일이 꼬이고 꼬여 어려운 과정을 거치고 있더라도 모든 아이는 여전히 많은 잠재력과 강점을 지니고 있다. 누군가 그걸 찾아 아이에게 알려주어야 한다. 이미 잘못을 저질렀지만 어떻게 달라질 수 있을지 지금 말해주지 않으면, 아이가 자신이 어떤 사람인지 깨닫도록 도와주지 않으면, 지금보다 더 치명적 결과를 가져올 수 있다.

혹시 지금 아이의 모습에서 강점을 찾기 어렵다면 과거로 거슬러 올라가야 한다. 현재의 무거운 마음을 다 내려놓고 잠시 과거로 여행을 떠나본다. 우리 아이가 한창 예쁘던 시절, 아이 웃음에 마음이 녹아내리고, 함께 껴안고 장난치며 미래를 꿈꾸던 시절로 돌아가 생각해보라고 했다. 그러자 겨우 쓰기 시작한다. 지금은 거친 행동으로 가해자가 된 아이들도 5살, 7살, 갓 초등학생이 되었을 때에는 예쁘고 사랑스럽고 기특한 아이였다.

아이의 강점을 다 쓰고 함께 읽는 시간을 가졌다. 한 엄마가 아이의 강점 10가지를 읽으며 울먹인다.

"그냥 아이의 좋은 점을 써보기만 했는데 뭐가 문제였는지 알겠어요. 이렇게 좋은 점이 많은 아이였는데 제가 혼내기만 했어요. 그래서 아이가……."

아이의 강점을 찾아 쓰기만 했는데 엄마는 깨닫게 된다. 사느라 너무 바빠서, 혹은 더 잘 키우려는 욕심에, 혹은 뒤처지면 안 된다는 불안 때문에 아이의 진짜 모습을 보지 못한 채 다그치기만 했다는 사실을 말이다.

부모가 말해주지 않는데 아이가 어찌 알 수 있겠는가? 자신이 얼마나 좋은 점이 많고 훌륭한 잠재력을 가졌는지. 그래서 그걸 깨닫게 해주는 부모의 역할이 중요하다. 남들은 잘 못해준다. 아무도 해주지 않는다. 아이가 만나는 대부분의 어른들, 교사, 이웃, 친구 부모들은 가르치려고만 하지 아이가 이미 얼마나 훌륭한 점을 많이 가지고 있는지 알려주지 않는다. 오로지 부모의 몫이다. 그 역할을 하지 않고서는 좋은 부모가 되기도 어렵고, 아이가 잘 자라기도 어렵다. 이제 아이가 얼마나 훌륭한 점이 많은지 깨달을 수 있는 말을 전해야 한다.

다음은 5~10살 아이의 엄마들이 찾아낸 아이의 강점과 장점이다. 읽어보며 우리 아이에게 해당하는 사항에 표시해보자. 그리고 꼭 다음 빈칸에 다시 글로

써넣어 보기 바란다. 여기 없는 특성은 엄마가 더 써넣길 바란다. 아이의 좋은 점이 10가지, 20가지, 30가지로 늘어날수록 엄마도 아이도 행복하게 성장한다. 따로 예쁜 종이에 적어놓고 냉장고든 어디든 눈이 잘 가는 곳에 붙여놓자. 하루 한 번씩만 소리 내어 읽어도 아이를 보는 눈이 달라질 것이다.

	우리 아이 강점과 장점(예)
1	착하다
2	밝고 잘 웃는다
3	긍정적이다
4	다정다감하고 부드럽다
5	양보를 잘한다
6	될 때까지 노력하는 성격이다
7	차분하고 집중력 있다
8	무언가 배우고 알아가는 것에 대해 즐거워한다
9	힘든 것도 열심히 노력한다
10	다른 사람들 앞에서 자신 있게 표현하고 발표를 잘한다
11	약속한 것에 대해 스스로를 절제할 수 있다
12	자기주장을 할 줄 안다
13	자기 생각이 뚜렷하고 소신이 있다
14	친구와의 약속을 잘 지키며 의리가 있다
15	자신이 하고자 하는 일은 끈기 있게 해낸다
16	좋아하는 것을 집중하여 할 수 있다
17	관심 있는 것을 잘 관찰한다

	우리 아이 장점과 강점 10가지
1	
2	
3	
4	
5	
6	
7	
8	
9	
10	

상상력을 키워주는 스토리텔링 훈육법

Q 4살 아이 엄마예요. 아이가 말을 잘 듣지 않을 때 인형을 활용해서 인형이 얘기하는 것처럼 말하면 잘 듣는 편입니다. "우리 손 씻으러 갈까? 이제 불 끄고 자러 갈까?" 그런데 계속 이렇게 해도 될까요?

엄마는 아이와 잘 통하는 방법을 찾았다. 그런데 왜 이렇게 해도 되는지 질문할까? 아이의 나이에 따라 이 질문에 대한 대답은 달라질 수 있지만 유아기 아이와 이런 방식으로 대화하는 것은 아주 훌륭한 방법이다.

효과가 좋은데도 이 방법을 계속 사용해도 될지 걱정하는 경우가 많다. 아마도 스토리나 상상의 이야기가 아닌 현실적인 말로 했을 때 아이가 말을 잘 들어야 할 것 같다는 생각 때문인 것 같다. 그건 아이의 발달을 잘 몰라서 하는 소리다. 유아기에는 모든 사물이 살아 있다고 생각하는 '물활론'의 시기를 거치게 된다. 생명이 없는 대상에게 생명과 감정을 부여해서 생각한다는 것이다. 아이가 "달님 안녕? 나무야, 잘 자" 이런 말을 하기 시작하는 시기에서부터 6세 정도까지 나타나는 현상이다. 그러니 자기가 좋아하는 인형이나 캐릭터가 말하면 마음이 더 잘 움직이고, 더 재미있게 느끼는 경향이 있다.

유아기는 또한 가상놀이의 시기이다. 마음껏 상상하며 현실에 자신의 욕구를 동화시켜 상상의 나래를 펼치고, 상징을 사용하는 능력을 발달시켜간다. 이런 가상놀이는 생후 약 18개월 정도부터 발달하기 시작해서 만 5~6세경에 최고조에 달하고 그 후 서서히 감소한다. 그러니 이 능력이 사라지기 전에 오히려 더 열심히 상상하고 놀이할 수 있도록 도와주어야 한다. 스위스의 심리학자이며 인지발달이론의 대가 장 피아제(J. Piaget)는 이런 상상놀이가 상징을 사용할 수 있는 능력을 발달시켜서 표상적, 논리적 사고의 발달에 중요한 공헌을 한다고 했다. 한마디로 가상놀이 하듯 생활하는 것은 유아기의 특권이고, 더 많이 상상하며 그 속에서 배우고 자라야 한다는 것이다.

초등학생이 된 아이가 계속 그런다면 뭔가 발달적인 개입이 필요하지만, 유아기라면 오히려 엄마가 더 먼저 상상의 이야기로 아이를 끌어들이고 그 속에서 가르치기를 바란다.

아이가 뭔가를 배우기 바란다면, 문제행동을 고치기 바란다면, 인형, 동물, 로봇, 영웅들의 이야기를 활용한 스토리텔링으로 대화해보자. 엄마의 말에는 움직이지 않던 아이가 인형의 말에는 벌떡 일어나 행동하는 이유는 바로 상상의 이야기 속으로 들어갔기 때문이다. 상상 속에서는 자신이 무엇이든 될 수 있으니 얼마나 신이 나고 즐겁겠는가?

계속 놀고만 싶어하는 아이

스토리텔링 기법은 말 안 듣는 아이에게 특효약이다. 5살 소현이의 이야기를 들어보자. 소현이는 빵 굽기 놀이를 좋아한다. 커다란 네모난 쟁반에 온갖 블록과 도미노를 잔뜩 올리고 빵을 구웠으니 먹으라고 한다. 그런 빵을 두 개나 만들어서 가져와 무슨 대단한 작품을 만든 양 으스대며 자기가 만든 아주 특별한 빵을 맛있게 먹어야 한다며 배를 쑥 내밀고 먹기를 기다린다. 당연히 엄마는 먹는 시늉을 하며 질문한다.

"어떻게 이렇게 맛있는 토핑을 많이 올렸니? 이 빵은 무슨 빵이야?"

소현이는 신이 나서 이건 크림빵이고 저건 미니피자라며 한참 설명을 한다. 엄마는 먹는 시늉을 하며 "맛있게 먹겠습니다. 정말 맛있어요"라며 한참 동안 맞장구를 쳤다. 이제 놀이가 끝나는 시간이다. 많이 놀았으니 치우자고 하니 소현이는 계속 딴청을 피운다. 두 의자 사이에 올라가 서커스를 한다며 두 팔로 의자 팔걸이를 잡고 흔들거리며 자기를 보라고 한다. 내려오라고 말해도 내려오지 않는다. 엄마는 아이가 치우기 싫어서 딴청을 부린다고 말한다. 이제 그만하고 내려와서 치우자고 해도 전혀 듣지 않는다. "난 잘 올라갈 수 있지"라며 의자에 매달려 흔들거리며 엉뚱한 말만 한다. 한마디로 장난감 치우기를 거부하는 것이다. 늘 그랬다. 실컷 놀고 난 뒤 치우자고 하면 "엄마는 맨날 날 힘들게 해"라며 삐치고 투정과 짜증을 부린다. 소현이에게 스토리가 필요한 타이밍이다.

"요리사님, 빵 다 먹었으니 빵 접시 오븐 앞에 갖다 놓아주세요."

소현이는 갑자기 의자에서 내려와 기분 좋게 "네!"라고 대답하며 쟁반을 벌떡 들고 방으로 들어간다. "내일 빵 구우려면 재료도 가지런히 정리해두어야겠죠? 이 피자 재료는 어디에 둘 거예요?" 이렇게 물으니 자기가 하겠다며 모두 가져가 나름대로 제자리를 정해 정리하기 시작한다. 엄밀하게 말하면 아이는 장난감을 정리하는 게 아니라 내일 구울 빵 재료를 준비하는 것이다. 다른 재료들도 이렇게 잘 준비해두었다며 와서 보라고 자랑을 한다.

장난감을 정리하는 것은 소현이가 배워야 하는 일이다. 하지만 유아기의 아이들은 현실용어로 설명하면 어렵게 느낀다. 왜 해야 하는지도 모를뿐더러 재미없고 힘들기만 하다. 재미없고 힘든 일을, 게다가 익숙하지도 않은 일을 참고 해야만 한다고 가르치는 건 너무 냉정하다. 유아기의 특성에 맞게 정리하기에 익숙해지고 잘하게 될 때까지 상상과 가상놀이를 활용해서 즐겁게 하도록 도와주자. 가상놀이의 핵심은 스토리이다. '마치 ~가 된 것'처럼 가상의 역할을 수행한다.

혼자서는 아무것도 제대로 할 수 없는 어린아이지만, 상상하는 순간 아이는 왕자가 되고 공주가 되고 기사가 되고 영웅이 된다. 이야기 속에서의 역할은 상상이기 때문에 아주 잘 수행할 수 있다. 그러니 현실의 소현이에게 장난감 치우기는 너무 어려운 일이지만, 상상 속 요리사인 소현이에게 요리 재료를 준비하는 일은 너무 재미있고, 잘하고 싶은 일이다. 그래서 자신도 모르게 열심히 하게 되는 것이다.

하고 싶은 것만 하려는 아이

5살 민지는 성취욕구가 매우 높고 고집이 센 아이다. 게다가 예민하고 까다로워서 여간해선 마음을 움직이기가 어렵다. 민지에게 뭔가를 가르치거나, 행동을 다르게 하라고 훈육해보지만 아이는 늘 가르침을 거부했다. 게다가 민지는 그림 그리기를 싫어한다. 그림을 그려도 낙서하듯 선을 긋기만 하지 동그라미조차 제대로 그리지 못한다. 비뚤어도 얼굴에 눈코입 정도는 시늉이라도 해야 정상인데, 어떻게 된 게 아이는 선 긋는 낙서만 반복한다. 가르쳐준다고 해도 절대 싫다고 한다. 이렇게 고집 센 아이에겐 어떻게 새로운 걸 가르쳐줄 수 있을까? 민지에게 '두 아이 이야기'를 들려주었다.

옛날에 아주 예쁘게 생긴 두 친구가 살았어. 둘 다 너무너무 예뻤지만 둘은 아주 달랐어. 뭐가 달랐냐고? 한 명은 예쁘고 똑똑하기까지 했지만, 친구는 예쁘지만 멍청하다고 소문이 났지. 그래서 사람들은 한 명은 예쁘고 똑똑하다고 '예똑'이라 부르고, 또 한 명은 예쁘지만 멍청하다고 '예멍'이라 불렀어. 예멍이는 왜 멍청하냐고? 그 아이는 모르는 게 있어도 물어보지를 않았어. "싫어, 난 몰라도 돼. 관심 없어"라며 다른 사람의 말을 잘 듣지도 않았지. 게다가 누군가 가르쳐준다고 해도 배우려고 하지 않았어. "싫어, 내 맘대로 할 거야." 이렇게 말했지.

동그라미 그림을 잘 못 그리길래 "동그라미 그리는 거 가르쳐줄게. 이렇게 해볼래?" 하며 손을 잡고 가르치려고 하면 손을 확 뿌리치고 "난 그런 거 싫어해. 안 할 거야. 안 해도 돼"라고 소리치기만 했어. 그랬더니 일 년이 가고 이년이 가도 동그라미를 못 그리는 거야. 친구 중에 동그라미 못 그리는 아이는 자기 혼자밖에 없게 된 거지. 그래서 멍청이라고 불리기 시작했어.

예똑이는 어떻게 해서 똑똑해졌냐고? 그 아이는 모르는 게 있으면 "나 좀 가르쳐줄래? 고마워. 이건 어떻게 하는 거야?"라며 웃는 얼굴로 질문을 잘했어. 동그라미 그리기를 배울 때도 엄마가 손을 잡고 같이 동그라미를 그리며 가르쳐주자 "친절하게 가르쳐줘서 고맙습니다"라고 말해서 엄마를 기쁘게 해주기도 했지 뭐야. 그렇게 배우고 또 배우니 저절로 똑똑해질 수밖에 없었어.

한참 지나고 나서 예멍이는 울면서 후회를 했지. "옛날엔 둘 다 똑같이 잘 못 그렸는데 이제 친구는 잘 그리고 나만 못하잖아"라면서 날마다 울고 있대.

민지에게 맞춘 아주 단순한 이야기를 만들어 들려주었다. 민지의 반응은 어땠을까? 귀엽게도 민지는 이야기를 듣고 자신도 예똑이처럼 하겠다고 했다. 이야기를 듣는 중간 "난 잘 물어보는데. 난 안 그러는데"라며 자신은 예멍이와 다르다는 점을 강조했다.

이때 '너는 예멍이랑 똑같잖아'라는 말실수는 하지 않아야 한다. 아직 어린 아이들은 자신의 객관적인 모습을 잘 모른다. 그 순간순간 마음이 내키는 대로 생각하고 말한다. 지금 이야기를 들으며 앞으로 예똑이처럼 행동하기로 마음먹었다는 사실이 중요하다. 그저 맞장구만 쳐주면 된다. 스토리텔링 훈육은 예방적 훈육이다. 아이가 자신의 행동에 관한 이야기를 만들고, 그 이야기대로 살아가게 하는 힘을 준다. 또 중요한 것은 그렇게 상상의 이야기 속에서 다양한 활동을 하는 동안 아이의 기능은 매우 잘 발달하게 된다는 점이다.

참고로, 내가 어릴 적 읽었던 수많은 이야기 중에 행동에 관한 가르침을 제대로 준 건 옛이야기였다. 욕심부리면 안 되고, 착하게 살아야 하고, 남을 도울 줄 알아야 하고, 지혜로워야 하며, 때로는 용기로 불의에 맞설 줄도 알아야 한다는 것을 배운 것도 모두 옛이야기를 통해서였다.

아이가 배워야 할 수많은 가치를 하나하나 다 부모가 가르치기는 어렵다. 모든 걸 부모가 다 가르쳐야 한다고 생각하지 않아도 된다. 아이가 접하는 수많은 이야기를 통해 아이는 어떤 사람이 될지, 어떻게 살아야 할지 지금 이 순간에도 스스로 생각하고 있다. 우리 아이가 따뜻하고 지혜롭고 현명한 사람으로 성장할 수 있도록 많은 이야기를 들려줘 보자. 아이들이 마음속에 좋은 이야기를 많이 품게 되기를 바란다.

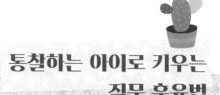

통찰하는 아이로 키우는 질문 훈육법

훈육에서의 질문은 단순히 아이의 의견을 구하는 질문이 아니다. 아이가 스스로 알지 못하는 것을 깨닫게 도와주는 질문이어야 한다. "피자 먹을래? 돈가스 먹을래? 이거 하고 싶니? 저거 하고 싶니? 지금 할래? 나중에 할래?"라는 질문은 훈육 상황이 아니라 편안하고 즐거울 때, 아이가 스스로 제 일을 결정하고 자율성을 키울 때 하는 대화로 충분하다. 가르치고 깨닫고 아이가 성장하기 위한 훈육에서는 전혀 다른 질문이 필요하다.

훈육에서 사용하는 질문은 세상을 보는 시각과 관점이 바꾸고, 몰랐던 것을 알게 하고, 무의식 속에 있던 진정한 소망과 바람을 끌어내어 깨닫게 하는 질문이어야 한다. 장난감에 집착하던 아이가 자신이 원했던 것은 사실 장난감이 아니라 장난감을 통해 친구들의 관심을 받아 함께 놀고 싶은 것이라는 것을 깨달아야 장난감에 대한 집착이 사라진다. 질문하는 훈육을 하기 위해 먼저 질문의 효과를 생각해보자.

첫째, "어떻게 하면 좋을까?"라고 질문하면 신기하게도 아이는 그때부터 정말 어떻게 하면 좋을지 생각하게 된다. 우리도 아무 생각이 없다가도 질문을 받으면 갑자기 그 생각으로 빠져들지 않는가? 그러니 좋은 질문은 아이에게 좋은 생각을 할 수 있게 한다.

둘째, 좋은 질문은 올바른 선택을 하게 한다. 혹시 어렸을 적에 받은 질문인데 아직 가슴에 지니고 있는 질문이 있는가? 어릴 적 나는 더 놀고 싶은 마음에 가족 나들이를 갔다 오는 길이면 늘 투정을 부렸던 기억이 있다. 세 아이의 도시락이며 돗자리까지 잔뜩 짊어진 엄마한테 다리 아프다고 징징거렸고, 걷기 싫다고 투정부렸다. 정말 난감하고 힘드셨을 것 같다.

어느 날 비슷한 상황에서 힘이 부친 엄마가 화가 난 상태에서 나에게 물어보셨다. "넌 왜 꼭 기분 좋게 잘 놀고 마지막에 이렇게 투정을 부리니?" 화가 난 어조여서 그랬는지 나는 더 이상 투정부릴 수가 없었다. 그날 저녁 정류장에서 집까지 걸어가는 동안 나는 아무 말 없이 조용히 걸어갔다.

그 질문은 성장하는 동안 종종 떠올랐고, 상황에 따라 조금씩 변형되어 나는 스스로 질문하게 되었다. '나는 왜 이러지? 무엇을 원하지? 이 상황에서 왜 이런 마음이 드는 거야? 혹시 지금도 그때와 비슷한 상황은 아닐까?' 투정부리던 행동은 그 질문 덕에 고칠 수 있었음이 분명하고, 그로부터 발전하여 늘 스스로 질문하는 습관이 생겼다. 좋은 질문은 이렇게 아이 마음속에 자리 잡아 끊임없이 생각하게 하고 스스로 답을 찾아 다르게 행동할 수 있는 힘을 키워준다.

이제 몇몇 아이들을 만나 아이들의 행동이 달라지는 바로 그 지점에 깨닫는 질문이 있었음을 확인하기 바란다. 효과적으로 사용된 질문들은 기억해서 우리 아이에게 질문해보자. 마술사의 지팡이처럼 순식간에 뾰로롱 변하지는 않지만, 서서히 아이가 생각하고 깨닫고 변화해가는 과정을 보게 될 것이다.

몰랐던 것을 알게 하는 질문

3월이면 나는 늘 아이들에게 새 학년이 되어 어떤 사람으로 살고 싶은지 질문한다. 자신의 소망과 바람에 대한 질문이다.

"어떤 6살이 되고 싶어? 어떤 1학년이 되고 싶어? 벌써 9살이네. 어떤 9살 인생을 만들고 싶어?"

아직 어려서 이런 질문에 한 번도 생각해보지 못했을 것 같지만, 그렇지 않다. 질문하는 순간, 아이들은 막연했던 자기 생각을 언어로 정리해서 말하기 시작한다.

"친구들과 더 잘 지내고, 즐겁게 많이 놀고, 공부도 더 잘하고, 발표도 잘하고 싶고, 동생을 놀리지 않았으면 좋겠고, 화나면 친구 때리는 버릇이 있는데 그러지 않았으면 좋겠어요."

이렇게 한두 번 얘기를 나누다 보면 자신이 말한 대로 행동하기 위해 애쓰는 마음이 더 커지는 게 보인다. 말대로 잘 하지 못했을 때 "넌 친구들과 더 잘 지내고 싶었는데 잘 안 된 이유가 뭘까?"라고 물으면 남 탓을 하기보다 자신의 행동을 점검하고 어떻게 바꿔나갈지 스스로 방법을 고민한다.

예측 질문도 효과적이다. "그렇게 하면 어떤 일이 생길까? 친구들이 어떻게 반응할까?" 이 정도의 질문으로도 아이는 자신의 행동이 어떤 결과를 가져올지 미리 생각해볼 수 있게 된다. 생각보다 아이들은 자신의 말과 행동에 대한 예측능력이 부족하다. 예측 질문은 아이가 행동의 결과에 대해 미리 생각해보게 하여 바르게 행동할 수 있도록 유도한다. 이렇게 예측해봄으로써 그 결과가 자신이 원하는 결과인지 생각해볼 수 있고, 원하는 결과를 얻기 위한 계획을 세우는 힘이 생기기도 한다.

구체적으로 생각하게 하는 질문

상담사들이 잘 사용하는 질문 중에 척도 질문이라는 게 있다. 어떻게 사용하는지 예를 살펴보자.

욕을 잘하는 아이가 있다. 아무리 욕하지 말라고 해도 버릇이 고쳐지지 않는다. 이런 아이에게 이렇게 질문해보자.

"화날 때 욕을 해도 된다는 생각이 몇% 정도 차지하고 있니?"

잠깐 생각해보던 아이가 이렇게 말한다. "한 70% 정도."

이런 생각을 가지고 있으니 욕하는 행동이 줄어들 리 없다. 일부러 아이가 듣는 자리에서 주변 친구들에게도 같은 질문을 했다.

"너는 화나면 욕을 해도 된다는 생각이 몇% 정도 있니?"

"전 어른들한테는 0%이고, 얄미운 친구들에게는 좀 해도 된다고 생각해요. 먼저 욕하는 친구들에게는요."

"전 어른에게든 아이에게든 전부 0%예요. 욕하는 건 나쁜 거니까요. 전 그런 사람 되고 싶지 않아요."

아이들의 대답은 제각각이다. 질문과 대답을 통해 자신이 어떤 생각을 가지고 있고, 현재의 행동이 그 생각을 기반으로 나타나고 있음을 알게 된다.

욕하는 게 나쁘다는 걸 알지만, 욕을 해도 된다고 생각하고 있다면 행동은 달라지지 않는다. 이런 경우엔 왜 70%나 되는지, 그걸 줄이려면 무엇이 필요한지 좀 더 심층적인 대화를 해나가야 한다. 때로는 그 속에 왜곡된 신념이 자리 잡고 있을 수도 있다. 나도 당했으니 다른 사람도 당해야 한다거나, 욕해주지 않으면 다른 아이들이 무시할 거라는 생각이 깔려 있기도 하다. 그런 생각이 신념으로 자리 잡고 있다면 보다 전문적인 수준의 도움이 필요할 수 있다.

중요한 것은 어른들은 의외로 아이들의 생각을 알기 위해 구체적으로 질문하지 않는다는 것이다. 해야 한다는 당위성만 가지고 접근하지, 아이가 어떻게 생각하는지 살펴보지 않는다. 이제 구체적 질문을 통해 아이의 생각을 살펴보자. 어쩌면 논쟁하듯 치열한 토론 과정을 거쳐야 할 수도 있고, 인지 왜곡이 심하다면 좀 더 치료적 대화를 진행해야 할 수도 있다.

한 아이가 엄마와 숙제하는 규칙을 세웠고 지키기로 약속했다. 규칙은 학교 마치고 집에 오면 30분 간 쉬면서 간식 먹고 바로 숙제를 하는 것이다. 하지만 다음 날부터 제대로 지켜지지 않았다. 바로 이때가 질문이 필요한 타이밍이다.

"어제 한 약속을 지키려는 마음이 몇% 정도였어?"

이렇게 물어야 아이도 자기 마음을 이해할 수 있다. 아쉽게도 아이들은 약속을 하더라도 지키려는 마음이 100%는 아니다. 아이에 따라 다르지만, 경험적으로 30~50% 정도에 머무는 경우가 가장 많았다. 입으로 약속은 하지만 지킬 의지가 저렇게 낮았으니 못 지키는 게 당연하다.

이 문제를 해결하기 위해서는 설명, 충고, 설득이 필요한 게 아니다. 더 좋은 질문을 통해 아이가 지킬 마음이 70~80% 이상이 되도록 규칙을 바꾸어야 한다.

* * *

그 약속을 지키기 힘든 마음이 70%구나. 어떤 점이 힘들 것 같아?

어떻게 하면 숙제를 쉽게 할 수 있을 것 같니? 약속을 어떻게 바꾸고 싶니?

척도 질문은 부모의 걱정을 확 줄여주기도 한다. 3학년 아이가 친구를 때렸고, 친구들 사이에 소문이 났다. 다행히 맞은 아이의 상처가 심하지 않고 진심으로 사과하여 사건은 잘 마무리가 되었지만 이제 아이가 학교에 가기 싫다고 하는 것이 문제였다. 조금 지나면 괜찮아질 거라 생각했지만 아이는 계속 이사갈 것을 조른다. 정말 아이가 이렇게 힘들어한다면 이사는 어려워도 전학을 하면 어떨까 싶어 물었더니 아이는 전학해도 이 동네에 살면 다른 친구들을 만나게 되니 꼭 이사해야 한다고 우긴다. 이 문제를 어떻게 해결하면 좋을까? 아이와 대화를 시작했다.

★ ★ ★

이사는 어른들도 무척 어려운 일이야. 그러니 만일의 경우에 대비해서 이사를 못할 경우에 대한 생각도 미리 해보는 게 좋을 것 같아. 선생님은 만약 이사를 못해서 이 학교에 계속 다닌다면 네가 버틸 수 있는 힘이 어느 정도인지 궁금해. 전혀 못 견디겠으면 0. 잘 다닐 수 있으면 10. 0에서 10 사이 어느 정도인 것 같니?

아이는 곰곰이 생각하더니 '7'이라 말한다. 당연히 0이나 1일 거라고 생각했는데 그렇게 높은 수치를 부른 것이다. 어떤 이유로 7만큼이나 견딜 수 있는지 질문했다.

. . .

그냥 제가 기분이 나빠서 그래요. 애들이 저보고 수군거리는 것 같아 기분 나쁜 거예요. 그게 싫어서 그런 건데 그게 죽어도 못 다닐 만큼 힘든 건 아니 에요. 또 한두 명 친한 친구도 있긴 해요.

엄마와 대화할 땐 죽어도 이사해야 한다고 우기던 아이가 전혀 다른 말을 했다. 떼쓰는 아이의 행동에 지친 엄마는 아이 마음속에 있는 다른 것은 살펴보지 못한 것이다. 아이 마음속에 숨어 있는 마음을 드러내어 현실의 문제를 해결할 길을 찾을 수 있었던 것은 분명히 질문의 힘이다. 지금 이 아이는 전학을 가지 않고 다니던 학교에서 아주 잘 지내고 있다.

아이들은 자신의 느낌과 생각을 정확한 언어로 표현하기 힘들다. 감정을 표현한다고 해도 그 정도를 정확하게 표현하지 못한다. 그래서 숫자 척도로 질문하면 걱정되는 정도, 기대되는 정도 등을 구체적으로 알 수 있으며, 변화의 여지에 대해서도 정확하게 파악해볼 수 있다.

. . .

동생 때문에 화난 마음이 어느 정도야? 1~10으로 말해볼래?
엄마랑 이야기를 나누니 속상한 마음이 얼마나 낮아졌어? 아까는 10이었는데, 지금은?

좀 더 낮추려면 뭘 하면 좋을까?

관점을 바꾸는 질문

아이들에게도 가치관과 신념이 있다는 것을 종종 발견하게 된다. 사소한 행동이라도 아이 마음속에 그 행동을 해도 된다는 가치관과 신념이 형성되었기 때문에 행동으로 나타나는 것이다. '나는 잘 못 일어나는 아이야. 엄마가 먹여주는 게 더 좋아. 숙제할 때는 짜증 내도 괜찮아. 먼저 놀자는 말은 절대 못하겠어.' 이런 생각을 가지고 있다면 그 행동은 쉽게 변하지 않는다. 그러니 질문을 통해 아이가 몰랐던 점을 깨닫고, 전혀 다른 관점으로 생각할 수 있도록 도와주어야 한다. 그래야 새로운 생각을 받아들이고 새로운 신념으로 간직하게 된다.

• • •

동생을 때리고 싶은 마음도 들었을 텐데 어떻게 참을 수 있었니?

지난 한 주 동안 동생에게 짜증을 내지 않던 적은 언제니?

힘들어도 잘 견딜 수 있었던 힘이 무엇인지 궁금하구나.

그 친구랑 잘 지냈던 때는 언제야?

지금보다 학교가 지루하지 않던 때는 언제니?

화내고 짜증 내는 아이의 행동을 변화시키기 위해서는 이렇게 관점을 바꿔서 아이가 미처 깨닫지 못한 점을 일깨워주는 질문이 필요하다. 늘 문제만 일으킨 것이 아니라 잘하고 있는 점도 있다는 것을 깨닫게 해주는 것이다. 아이에게 상황이 더 나빠질 수 있었음에도 그 정도에서 멈춘 힘이 무엇인지, 어떻게 그렇게 할 수 있었는지 질문한다. 아이 마음속에 숨어 있는 긍정적 의도와 강점을 아이 스스로가 찾을 수 있게 하는 좋은 질문이다.

또한, 문제행동이나 상황에 초점 맞추기보다 그런 일이 일어나지 않은 경우를 찾아냄으로써 아이의 성공경험을 확대하고 강화시켜줄 수 있다. 노력이든 우연이든 아이의 성공적 경험을 찾아내고, 의도적인 노력으로 이어질 수 있도록 격려하고 칭찬한다. 문제 상황이 아닌 예외 상황에서 아이가 어떻게 했었는지 탐색하면서 숨겨진 잠재능력을 찾으면 자아존중감도 강화된다. 좋은 질문은 훈육에서 꼭 필요하며, 깨닫고 행동을 변화시키는 데 큰 힘을 발휘한다는 걸 기억하기 바란다.

7장

특히
훈육하기
어려운 아이들

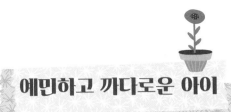

예민하고 까다로운 아이

Q 30개월 창빈이는 매우 예민하고 까다로운 아이예요. 낯가림도 심하고, 조금만 마음에 들지 않으면 갑자기 무엇이든 집어 던져버리거나 물컵을 쏟아버리는 돌발행동을 해요. 떼쓰기 실력도 또래 중 최고예요. 혼을 내면 아이는 한참을 울다 세상에 둘도 없는 순하고 맑은 눈빛으로 이렇게 말해요. "아까 잘못했어요. 다시는 안 그럴게요. 엄마, 사랑해요." 이렇게 말하는 순간은 정말이지 아이가 잘못을 깨달았고, 다시는 그러지 않을 것 같은 느낌이 들어요. 품에 안기며 사랑한다고, 미안하다고 말하는 걸 보면 혼낸 것이 미안해 죄책감까지 들었어요. 하지만 바로 다음 날이면 똑같은 일이 반복돼요. 감정의 기복이 너무 클 뿐 아니라, 별일 아닌 일에도 폭발하는 창빈이를 어떻게 훈육하면 좋을까요?

창빈이는 어떤 아이일까? 예민하고 까다로운 아이는 어떻게 키워야 할지 막막한 경우가 많다. 예민하다는 건 남들은 다 괜찮은데 혼자 불편할 수 있다는 말이다. 이런 아이들은 몸의 감각도 예민하고 마음도 예민하다. 그러니 예민한 아이의 부모는 조금 더 민감하게 아이의 불편감을 알아차려야 하는 과제가 하나 더 있는 셈이다. 과제라는 말이 힘겹게 느껴질 수 있지만, 예민한 아이가 자신의 특성을 잘 발휘할 수 있을 때까지만 신경 써주면 된다. 이런 아이가 잘 자라면 예민함을 섬세함과 꼼꼼함으로 발전시켜 뛰어난 성취를 이룰 수 있으니 말이다. 예민하고 까다로운 아이 창빈이에게는 보통의 훈육보다 좀 더 섬세한 훈육이 필요하다. 창빈이를 위한 훈육을 찬찬히 함께 진행해보자.

우선 창빈이에게 신발을 벗고 매트에 올라오게 했다. 창빈이는 1분 정도 두리번거리듯 주위를 살펴보며 주저했다. 탐색하고 망설이는 시간이 다른 아이들에 비해 매우 긴 편이다. 어느 정도 다 살펴본 것 같은 느낌이 들어 다시 말했다.

"잘 살펴봤어? 혹시 모르는 거 있으면 '이게 뭐예요?' 하고 물어보세요."

"이제 신발 벗고 올라와도 괜찮을까?"

"마음이 편안해지면 신발 벗고 올라오세요."

이렇게 천천히 창빈이의 마음의 속도에 맞춰 말하니 고개를 끄덕이고 신발을 벗고 올라온다.

지켜보던 엄마는 어쩔 줄 모른다. 왜 그럴까? 자신이 뭔가를 해줘야 할 것 같고, 아이가 불안할까 봐 걱정되고, 잘 못하면 어떡하나 불안하기 때문이다. 그러니 엄마는 집에서도 이런 시간을 잘 기다리지 못했다. 빨리 벗으라고 말하거나 벗겨주려고 했다. 그럴 필요 없다. 시간이 촉박한 상황이라면 어쩔 수 없지만 그렇지 않은 경우엔 아이가 이렇게 자신만의 속도로 준비하도록 시간을 주면 된다.

이제 엄마와 창빈이가 옆으로 나란히 앉아 있다. 그 모습이 마치 둘이 하나가 된 것 같은 느낌이다. 아이가 엄마에게 기대어 있을 뿐 아니라 엄마도 아이에게 밀착하듯 온몸을 기울여 붙어 있다. 블록을 꺼내 놓고 아이의 행동을 지켜보았다. 아이는 아무것도 만지지 않았다. 엄마에게 아이 옆에 조금 떨어져 앉으라고 요청했다. 엄마가 붙이고 있던 몸을 떼자 창빈이의 눈빛이 조금 흔들린다.

"엄마가 여기 있을 거야. 안심해도 돼."

아직 긴장이 풀리지 않은 아이는 아무것도 건드리지 않고 앉아 있다. 창빈이의 호기심을 끌기 위해 코끼리인형을 꺼내와 코로 창빈이 손등을 쓰다듬으며 말을 걸었다.

"창빈아, 안녕? 만나서 반가워. 나랑 놀자."

창빈이는 조금 긴장이 풀렸는지 코끼리를 만지기 시작한다. 그렇게 동물 인형을 하나둘 가지고 놀기 시작했다. 살짝 미소도 짓고, 행동 반경도 커지기 시작한다. 10분쯤 노는데 엄마의 행동이 재미있다. 엄마가 놀이에 참여하지 않았는데도 아이가 놀기 시작하는 게 생소한 듯하다. 창빈이가 주도적으로 장난감을 만지고, 꺼내서 놀고 있는 것이 뭔가 어색한가 보다.

잠시 후, 엄마는 창빈이가 엄마를 놀이에 초대하지 않았는데도 "창빈아, 여기 딴 것도 있네"라며 참견하려고 한다. "창빈 어머니, 잠깐만요." 엄마를 멈추게 하고 창빈이를 지켜보도록 했다.

창빈이는 예민해서 탐색 시간이 길었지만, 놀이에는 활동적이고 적극적이었다. 그런 아이의 모습을 엄마는 오히려 낯설어했다. 창빈이가 혼자 놀도록 엄마를 멈추게 하니 잠시 앉아 있던 엄마는 이제 놀이에 참여하는 대신 아이에게 다가가 등을 쓸어준다. 그런데 엄마가 등에 손을 대자마자 창빈이는 엄마에게 스르륵 기울어진다. 혼자 앉아 있을 때와 엄마에게 붙었을 때의 태도가 확연히 다르다. 엄마도 창빈이도 자신들의 태도가 어떻게 변하는지 알아차리지 못한 채 놀이를 계속한다.

10여 분이 지나고 어느 정도 놀이가 진행됐을 때 엄마를 분리시키기로 했다. 창빈이에게 화장실 다녀온다고 말하고 나가게 했다.

"창빈아, 엄마 화장실 다녀올게요."

아이는 별 거리낌 없이 "네"라고 대답한다. 오히려 엄마가 아이를 혼자 내버려두고 나가는 것이 망설여지는 모양이다. 창빈이가 울어도 괜찮으니 나가 있으라고 말하자 엄마는 어쩔 수 없다는 표정으로 나간다.

엄마가 나간 후 창빈이는 딱 한 번 문쪽을 바라보더니 다시 놀기 시작한다. 엄마와의 분리도 안정적으로 이루어진다. 이 태도는 정상속도다. 보통 아이들과 다른 점이 없다.

엄마가 나간 지 5분 정도 되자 창빈이는 엄마를 찾기 시작한다. 상담사를 보며 "엄마는?"이라고 묻는다. "조금 있다 오실 거야." 그런데 엄마를 또 찾는다. 이번에는 일어나서 엄마를 찾으러 나가려 한다. 이때 창빈이와 대화를 나누었다. 아이 가슴을 쓸어주고 도닥이며 마음속에 엄마가 있는지 물었다.

***

창빈이 마음속에 엄마 있어, 없어?

∙∙∙

없어!

***

엄마 마음속에 너 있어?

∙∙∙

없어.

***

엄마가 부르면 올까?

∙∙∙

몰라.

별거 아닌 대화 같지만 그렇지 않다. 이런 질문은 아이가 느끼는 것을 있는 그대로 표현하게 한다. 아이 마음속에 엄마라는 존재가 각인되어 있지 않으면 아이는 불안하다. 안정 애착이 형성된 아이는 자라면서 엄마와의 분리가 안정적으로 이루어진다. 엄마 없는 시간을 즐기는 아이들은 언제나 돌아오면 엄마가 있다는 사실, 엄마가 잠시 떠났지만 분명히 돌아온다는 사실을 의심하지 않는다. 그래서 자신감 있게 세상으로 한 발씩 자신의 영역을 넓혀나갈 수 있다.

아이는 예민한데 엄마가 민감하지 않았던 경우의 아이들은 엄마와 분리될 때 안정감이 아니라 불안감을 느끼는 경우가 많다. 엄마와 떨어지지 않으려는 경향도 강하다. 그런 아이의 요구에 따라 엄마도 아이에게 딱 붙어서 24시간 밀착한다. 하지만 그런다고 해서 아이가 안정감을 찾거나 엄마와의 관계가 탄탄해지는 것은 아니다. 아이는 떨어지는 것 자체를 불안해하는 것이 아니라, 떨어졌다가 다시 엄마가 나를 찾고 내가 엄마에게 돌아갈 수 있을지가 불안한 것이다. 예민한 아이 창빈이는 그 불안 때문에 더 예민하고 까다로워질 수밖에 없었다. 이제 창빈이는 자신이 부르면 엄마가 나타난다는 것을 경험할 필요가 있었다. 엄마를 찾으며 칭얼거리기 시작한 창빈이에게 다시 말했다.

"창빈아, 잘 들어. 네가 울지 않고 큰 소리로 '엄마'라고 부르면 엄마가 짠 나타나실 거야. 큰 소리로 부를 수 있겠어?"

부루퉁한 표정으로 고개를 젓는다.

똑같은 대화를 다시 반복한다.

"네가 울기만 하면 엄마는 오시지 않아. 울음 멈추고 큰 소리로 '엄마'라고 세 번 부르면 나타나실 거야."

"네가 세 번을 부르면 아빠도 들어오실 거야."

창빈이는 조금 더 칭얼대며 울었지만 기다려주었다. 얼마 지나지 않아 조금씩 울음이 진정된다. 집에서처럼 울어도 원하는 대로 되지 않는다는 걸 깨달은 것 같다. 아이는 울음을 멈춘다. 이제 준비가 된 것이다.

"자, 준비됐구나. 잘했어. 이제 엄마를 부르자. 그리고 엄마가 들어오시면 아빠도 부르는 거야. 약속할 수 있겠어?"

아이는 손가락 걸고 약속한다. 이제 엄마를 부른다. 처음엔 작은 목소리였지만 "더 크게"를 외치는 상담사의 말에 따라 세 번째에는 꽤 우렁차게 엄마를 불렸다. 엄마가 들어왔다. 서로 이산가족 상봉하듯 부둥켜안는다. 그런데 창빈이는 엄마 품에 안기자마자 다시 아기 모드로 전환된다. 온몸을 엄마에게 밀착시킨다. 엄마도 마찬가지다.

엄마도 아이를 가슴에 품어 보호한다. '엄마와 떨어져 있던 아이'와 '아이와 떨어져 있던 엄마' 중에서 누구에게 더 이 과정이 필요한지 구분할 필요가 없었다. 엄마와 아이 모두에게 필요한 과정이었다. 엄마가 아이를 너무 아기 취급하면서 아이의 불안을 키우는 경향이 있었다. 엄마 자신은 몰랐겠지만 말이다.

엄마와 다시 만나 안정을 찾은 아이에게 이제 '아빠 부르기'를 하자고 했더니 세게 고개를 저으며 거절한다. 엄마는 창빈이가 한 약속에는 관심도 없고 그저 아이를 안고 쓸어주기만 하고 있다. 상담사는 창빈이에게 살짝 따지듯이 말했다.

"창빈이 아까 약속한 거 왜 안 지켜? 엄마 불러서 엄마 들어오면 아빠 부르기로 했잖아."

아이는 엄마 어깨에 고개를 기댄 채 미동도 하지 않는다. 좀 더 단단한 태도가 필요하다.

"너 거짓말한 거야? 아니지? 그렇지, 우리 씩씩한 창빈이가 거짓말할 리가 없지."

그제야 창빈이는 엄마 품에서 고개를 들고 살짝 고민하기 시작한다. 이때가 중요하다. 행동의 갈림길에서 아이가 고민할 때 뒤로 물러서면 안 된다. 엄마 품에서 아이를 나오게 하고 "씩씩하다", "멋있다"는 말로 아이를 반듯하게 서게 했다.

***

이제 마음의 준비를 하고 아빠를 불러보자. 멋진 형아처럼 용기 내서 약속 한번 지켜볼까? 이제 큰 소리로 아빠를 부르자. 시작!

···

아~빠 (기어들어가는 목소리)

***

아빠가 안 들릴 것 같아. 조금 더 크게 불러보자. 시작!

···

아~빠 (조금 더 커진 소리)

***

와! 커졌다. 조금만 더 크게, 그럼 아빠한테 잘 들릴 것 같아.

···

아빠!

드디어 크게 외쳤다. 아빠가 들어왔다. 정신을 못 차릴 정도로 칭찬해주었다. 아이의 표정이 엄마에게 안겼을 때와 다르다. 자기 나이에 맞는 씩씩한 남자아이의 표정이다. 엄마는 옆 의자로 떨어져서 앉게 하고 아빠와 힘차게 껴안도록 했다. 이제 좀 더 놀이처럼 진행해도 된다. 창빈이에게 질문했다. "엄마 아빠가 나가 있다가 창빈이가 부르면 들어오실까?" "네." "그럼 우리 한 번 더 해보자." 엄마 아빠가 다시 나가고, 창빈이는 엄마 아빠를 부른다. 처음부터 씩씩한 목소리다. 자신이 부르면 엄마도 아빠도 나타난다는 경험이 창빈이에게는 꼭 필요했다. 창빈이의 얼굴에 자랑스러운 미소가 활짝 핀다. 이제 한 번의 훈육이 성공했다.

엄마에게서 떨어지지 않으려 했던 창빈이의 행동은 사실 아이와 떨어지기 힘들어하는 엄마의 태도 때문에 오히려 심화된 것일 수 있다. 어쩌면 아이가 힘들까 봐 엄마가 아이를 떨어뜨리지 못한 것이다. 엄마가 옆에 딱 붙어서 "엄마가 떨어지면 넌 못 견딜 거야"라며 아이의 불안을 부추기고 있는 형편이었다. 그러면서 아이가 자신에게서 떨어지지 않는다고, 울며불며 매달리는 행동을 어떻게 바꿔야 할지 모르겠다고 하소연한 격이었다.

아이는 빠르게 나아졌지만, 솔직히 엄마의 변화가 더디었다. 아이는 용감하게 자기 목소리를 내며 씩씩하고 당당하게 상담실 문을 나섰다. 하지만 엄마는 그 사이 상담사에게 자신의 불편한 마음을 호소했다. 아이가 마음의 준비도 되지 않았는데 강제로 분리한 게 이해가 되지 않는다고 했고, 그렇게 하면 아이가 더 불안해지는 게 아니냐고 했다. 엄마와 다시 이야기를 나누었다. 엄마에게 한 가지를 질문했다.

"아이가 더 불안해질까 봐 걱정이 크시네요. 그럼 이제 아이가 불안한지 아니면 안심하고 편안한 표정인지 한번 볼까요?"

아이는 기분 좋은 미소를 지으며 아빠와 놀고 있었다. 표정 어디에도 불안감은 보이지 않았다.

그제야 엄마는 "뭐가 뭔지 모르겠어요"라며 혼란스러운 마음을 말한다. 왜 그렇지 않겠는가? 그동안 엄마와 떨어지면 어쩔 줄 몰라 하던 아이였는데, 그래서 온 정성을 다해 키웠는데, 아이가 원한 게 그게 아니었다니 엄마가 이해하고 받아들이는 데 시간이 걸리는 게 당연하다.

예민한 아이들의 특성을 이해해보자. 예민한 아이는 몸이든 마음이든 아무 것도 불편하지 않은데 불편하다고 느낄 때가 많다. 어떤 아이는 기온이 조금만 올라가도 머리가 아프고 어지럽다고 호소한다. 어떤 아이는 선생님이 혼내지 않았는데도 표정이 안 좋았다며 불안해한다.

그렇다고 해서 아이가 불편감을 말로 다 표현하는 건 아니다. 어떻게 말해야 할지도 모르고, 말하면 잔소리로 돌아올까 봐 걱정하기도 한다. 그래서 예민한 아이는 까다로운 아이로 변해간다. 스스로 문제를 해결하는 데 미성숙한 아이는 당연히 감정 표현이 서툴고 엄마의 마음을 불편하게 하는 악순환을 반복한다. 이때 부모가 아이의 발달적 욕구에 대한 이해가 없으면 당장의 요구에만 급급해서 아무리 아이가 원하는 걸 채워줘도 해결되지 않는다고 호소한다.

우리 아이가 조금 예민하다고 생각된다면 아이가 어떤 환경이나 상황에서 예민해지는지 살펴보아야 한다. 그리고 세심하게 어떤 점이 불편한지 물어봐야 한다. 그렇다고 지금 당장 아이가 원하는 것을 모두 들어주라는 말이 아니다. 아이의 불편한 마음은 따뜻하게 다독여주고, 지킬 것은 단단하게 지키고, 지혜로운 방법으로 불편감을 해소하도록 도와주면 된다. 어떤 아이도 아기로 머물기를 원하지 않는다는 사실을 기억하기 바란다.

이기려고만 하는 아이

Q 저는 42개월 남자아이를 키우고 있어요. 어른을 보면 인사도 잘하고 대답도 잘하는 아이예요. 그런데 놀이에서 지는 것을 못 참아요. 가위바위보 해서 지고서도 자기가 이겼다고 좋아하고요. 규칙을 모르는 게 아니거든요. 카드놀이를 하면 가장 점수가 높은 카드를 무조건 자기가 가지려고 해서 규칙대로 놀이를 진행하는 게 어려워요. 그런 식으로 하면 엄마는 하지 않겠다고, 카드를 뒤집어서 모르게 나누어야 한다고 해도 소용이 없어요. 어쩌다 공평하게 나누어서 카드놀이를 진행해도 자기가 이기면 엄청 신 나 하지만 지면 바로 울어버려요. 게임에서 이길 수만은 없다고, 질 수도 있다고, 재미있게 노는 게 더 중요하다고 아무리 말해도 소용없어요. "그래도 난 이기고 싶어"라며 펑펑 울기만 합니다. "엄마는 져도 안 울잖아"라고 해도 소용없어요. 제가 지면 오히려 "질 수도 있는 거야"라며 능청스럽게 저를 달래기까지 해요. 그래도 자기가 지면 우겨서 규칙을 바꾸거나 우는 건 여전해요. 어

떻게 해야 하나요?

상담실에는 이런 아이가 유난히 많이 온다. 지는 상황을 못 견디고, 규칙과 약속을 무시하고, 반칙을 밥 먹듯이 하려고 하니 어찌 걱정되지 않겠는가? 이러다 친구관계도 나빠질 것 같고, 도덕성에도 문제가 생길 것 같고, 무엇보다 아무리 노력해도 아이가 달라지지 않으니 전문가의 도움을 찾게 된다. 이렇게 지는 걸 못 견디고 이기고만 싶어 하는 아이를 도와주기 위해 우선 아이의 마음을 헤아려 보자. 심리적으로 이기려고만 하는 아이는 두 가지 축으로 이해할 수 있다. '열등감'과 '우월감'이다.

열등감은 다른 사람에 비해 자기는 뒤떨어졌다거나 능력이 없다고 생각하는 만성적인 감정이나 의식을 말한다. 열등감이 심하면 무의식적으로 자기 자신을 부정하기도 하고, 실패할 거라는 두려움에 이상행동을 보이기도 한다.

이런 열등감을 견디기 어려우니 우월감으로 보상하려는 심리가 생긴다. 진짜 이겨서 느끼는 우월감이면 괜찮지만, 반칙을 써서라도 이겨야 한다는 집착은 문제가 된다. 결국, 낮은 자존감과 부정적인 자아관이 이런 현상을 불러온다. 이런 아이에게는 '이기지 않아도 된다. 승패에 관계없이 재미있게 놀면 된다'는 말이 공허하게 느껴질 뿐이다.

열등감 자체가 문제가 되는 것은 아니다. 열등감을 너무 부정적으로 보지 말기 바란다. 오스트리아 정신분석학자이며 개인심리학의 창시자인 알프레드 아들러(Alfred Adler)는 "사람은 누구나 열등감이 있으며, 이 열등감은 살아남기 위해, 건강하기 위해, 성공하기 위해 더 배우고 노력하게 되는 원동력이 된다"고 말한다. 즉, 열등감은 부정적인 의미도 있지만, 더 열심히 행동하게 하는 정신 에너지이기도 하다는 뜻이다. 열등감 자체가 문제가 아니라 열등감을 어떻게 사용하는지가 중요하다.

조금 다른 관점에서도 살펴보자. 5살에서 7살 사이는 주도성을 획득하는 시기이고, 자신이 잘했다는 걸 증명하고 확인하고 싶어 하는 시기이다. 그러니 경쟁이 동반된 놀이에서 아이는 이기고 싶다. 이기면 날아갈 듯 행복하고, 지면 모든 걸 다 잃은 듯이 좌절한다. 겨우 게임 한 판이지만 아이는 인생을 건 느낌이다. 부모 입장에서는 그깟 놀이에 그런 태도를 보이는 게 이해되지 않을 수 있지만, 아이에게는 경험하는 모든 것이 중요할 수 있다.

부모가 할 일은 그런 아이 마음을 잘 이해하고 다독여 성숙한 행동으로 변화하게 도와주는 것이다. 이런 변화가 일어나지 않으면 아이는 지는 게 두려워 뭐든 회피하고 도망가려 한다. 놀이에서 시작된 회피 성향은 학습이나 인간관계에도 영향을 미친다. 조금만 낯설거나 어려워 보여도 "재미없어요. 싫어해요. 하기 싫어요"라며 온갖 핑계를 댄다. 그런 행동으로 번지지 않기 바란다면, 이제 이기고 싶어 하는 아이의 행동을 문제로만 보지 말고 인정할 건 인정해주면서 제대로 가르쳐보자.

우선, 섬세하게 아이의 마음을 보살펴주자. 지는 걸 못 참고, 꼭 이기려 애쓰는 아이에게는 작은 성취 경험이 누적되어야 한다. 성공이든 실패든 결과보다는 그 과정에서 아이가 보여준 강점이 무엇인지, 어떤 노력을 했는지, 얼마나 좋은 사람인지 확인시켜 주어야 한다.

1~10세 사이의 아이에게는 상처와 좌절에 의한 열등감도 작용하지만, 그보

다 성장에 따른 자연적인 심리적 욕구가 더 크게 작동하는 경우가 많다. 이기고 싶어 하는 아이들이 치유되어가는 과정에서 확인할 수 있다. 아이가 이기고 싶어하는 이유는 지면 세상이 끝날 것 같고 아무도 나를 인정해주지 않고 무시할 것 같은 두려움 때문이었다.

그런 마음을 진정시켜주면 승부의 결과에 집착하지 않는다. 졌지만 무엇을 잘했는지, 태도가 얼마나 훌륭했는지에 대한 칭찬을 들으면 아이는 달라진다. 게다가 정정당당하게 이기면 훨씬 더 행복해하며, 혹시 지더라도 '난 반칙하지 않는 사람이야'라는 건강한 자아관을 갖게 된다. 그 정도 되어야 비로소 '지든 이기든 재미있구나. 져도 배우고 이겨도 배우는구나. 이렇게 내가 커가고 있구나'라고 깨닫게 되는 것이다.

이기기 위해 반칙하거나 우기는 아이들에게 가장 좋은 훈육은 예방적 훈육이다. 질 것 같은 상황에 맞닥뜨리면 이미 감정이 폭발하기 직전이니 효과적인 훈육이 어렵다. 승부와 크게 관계없는 놀이 중이거나, 승패가 결정되기 전 시작 단계에서, 혹은 놀고 난 다음에 아이와 대화하는 것이 좋다.

놀이에서 이겼을 때의 마음을 점검해보기 위해 아이들에게 감정 단어를 주고 동그라미를 쳐보라고 했다. 그러면 가장 많이 선택하는 것이 '행복하다. 기쁘다. 날아갈 것 같다'이다. 놀이에서 이기면 이런 느낌이 드는데 어찌 이기고 싶지 않겠는가? 하지만 아이들은 진짜 날아갈 것 같을 때와 찜찜할 때를 구분할 줄 안다. 반칙을 써서 이겼을 때 아이는 절대 그렇게 온전하게 기쁘지 않다. 바로 그 부분을 깨닫게 해주는 것이 핵심이다.

아이가 반칙하려고 했던 때를 이야기하며 그때의 마음을 설명해주는 것이 필요하다. '의식'과 '무의식'이라는 용어가 아이에게는 어려울 수 있으므로 '내가 아는 내 마음', '나도 모르는 내 마음'이라는 용어로 바꾸어 설명하면 아이들은 나름대로 잘 알아듣는다. 종종 아이들에게 이렇게 그림을 그려서 보여준다. 아주 단순한 그림이지만 이해하기가 쉬워서인지 아이가 자신의 마음을 깨닫는 데 큰 도움이 된다.

	내가 아는 내 마음	
의식	이겨서 기분 좋다	표정 : 당당하고 자랑스럽다
무의식	나도 모르는 내 마음 이런 내가 싫다	표정 : 눈치 보이고 들킬까 겁난다

반칙해서 이긴 아이와 이렇게 대화를 나누어보자.

• • •

지금 넌 이겨서 기분 좋게 느껴지지? 그런데 너의 표정을 보면 왠지 찜찜한 것 같아. 뭔가 들킬까 봐 눈치 보는 것 같고, 누가 따질까 봐 겁도 나고 그런 느낌이 들어. 지금 너의 마음이 이런 것 같아.

이렇게 그림으로 보여주고 얘기한다고 해서 아이가 앉은 자리에서 수긍하고 인정하는 건 아니다. 하지만 정곡을 찌르는 말과 그림이 아이의 마음에 자리 잡는다. 왠지 모르게 마음이 불편하고 쑥스럽고 창피하기도 하다. 이런 느낌이 아이 마음에 오랫동안 남아 더 나은 나를 선택하도록 도와준다. 이런 과정으로 종종 대화를 나눈 적 있는 아이가 이렇게 말했다.

● ● ●
전 상담실에 오면 성격이 좀 변하는 것 같아요.

★ ★ ★
어떻게 변하는 것 같아?

● ● ●
좀 흥분도 잘하고요, 뭐든 솔직하게 말하고, 그리고 좀 창피한 것도 웃으면서 말해요. 학교에서는 절대 그러지 않아요.

반칙 쓰고 우기던 창피한 자신을 아이는 이제 드러내어 표현할 수 있게 되었고, 이런 자각이 행동을 변화하게 했을 뿐 아니라 스스로 자신의 변화를 깨달을 수 있게 했다.

이기려고만 하는 아이에게는 이기건 지건 관계없이 늘 아이를 사랑한다는 말도 도움이 된다. 아이들은 결국 부모로부터 인정받고 사랑받고 싶은 욕구가 가장 크기 때문이다. 가슴 깊은 곳에서 바로 그 부분이 충족되지 않아 이런 문제가 나타나는 경우가 대부분이다.

심리학적으로 본다면 이기고 싶은 아이는 성취의 욕구가 강한 아이다. 엄마는 어떻게든 아이의 과한 욕심을 가라앉히고 배려와 양보의 미덕을 가르치려 하지만 마음처럼 잘되지 않는 이유는 욕구 강도 자체가 아이의 타고난 기질과

관계있고 평생 변하지 않기 때문이다. 힘과 성취의 욕구가 강한 아이는 그야말로 이겨야 사는 것 같이 느껴지기도 한다. 놀이에서도 게임에서도 늘 이기는 것에 가치를 둔다. 이런 아이에게 져도 된다는 걸 가르치기는 무척 어렵다. 그러니 지금까지와는 다른 관점에서 아이가 흡족해하면서 동시에 바람직한 모습으로 자랄 수 있도록 훈육해야 한다.

이기지 않아도 된다고 말리는 것이 아니라 진짜 제대로 이길 수 있도록 도와주어야 사소한 것에서 져도 받아들일 수 있는 마음의 여유가 생긴다. 그래야 아이도 자신을 이해하고 마음을 조절할 수 있는 사람으로 커갈 수 있다. 자꾸 지적하고 고치려고만 하면 아이는 늘 이기지 못해 불만이고 다른 사람을 원망하거나 부정한 방법을 써서라도 욕구를 채우려 한다.

이제 어떻게 아이를 도와주면 좋을지 알아보자. 승부욕이 있다는 건 아이의 강점이기도 하다. '강점'과 '긍정적 의도' 이 두 가지로 아이 마음을 읽어주자.

. . .

진짜 이기고 싶었구나. 잘하고 싶었구나.
그런 마음을 가진 건 정말 좋은 일이야. 네가 열심히 하도록 도와줄 거야.

이런 충고의 말도 도움이 된다.

. . .

엄마도 반칙하고 싶은 마음이 들 때가 있어. 아빠도 회사에서 그렇게 하고 싶을 때가 많을 거야. 하지만 그건 나쁜 거야. 그래서 그렇게 하지 않지. 그런 마음이 들 수는 있지만 그렇게 하면 안 돼. 절대 하면 안 된다고 자꾸 생각하다 보면 그런 마음이 완전히 사라지게 된단다.

이런 말로 잘하고 싶은 마음을 지지하고 격려해주면, 아이는 마음을 진정하고 다음엔 어떻게 할지 생각할 수 있게 된다. 그 단계가 되면 진짜 이기는 것에 대한 새로운 개념을 알려주자. '졌지만 이긴 경기, 이겼지만 진 거나 마찬가지인 경기'라는 개념이 있다는 걸 말해주는 것도 좋다. 졌지만 정정당당하게 최선을 다했기 때문에 모든 사람의 칭찬과 응원을 받은 사람이 나중에도 많은 사람의 사랑을 받으며 성공했다는 사례를 들려주자. 반대로, 이겼지만 상대를 배려하지 않고 잘난 척하거나 편법이나 불법을 사용해서 오히려 사람들의 미움을 받았다는 얘기도 좋다.

반칙했거나 가위바위보에서 졌는데도 이겼다고 우길 땐, 그건 반칙이니 반칙패이고 그래서 엄마가 이긴 걸로 게임이 끝났다고 냉정하게 설명해주어도 괜찮다. 처음 몇 번은 아이가 억지 부리며 울겠지만 그 시간이 지나면 게임의 규칙을 받아들일 수 있게 된다. 올림픽에서 금메달을 땄지만 반칙한 게 들통 나서 금메달을 빼앗긴 선수 이야기를 들려주어도 좋다.

또 다른 방법은 아이의 한 달 전 혹은 일 년 전과 비교하면서 너무 잘 자라고 있고, 무엇을 하더라도 많이 노력하기 때문에 점점 더 잘하게 될 거라는 말을 들려주는 것이다.

●●●
더 잘할 수 있도록 도와줄게. 새로운 방법을 배우고 싶어?

이런 말도 필요하다. "괜찮아, 못해도 돼"라는 말이 아니라, 원하는 걸 이루기 위해 어떤 노력이 필요한지, 새로운 방법을 배우고 싶은지 물어보자. 선택은 아이가 하도록 기다려주는 게 좋다. 아이가 스스로 선택해야 더 기분 좋게 배우는 일에 몰입할 수 있다.

마지막으로 아이가 정당하게 이겼을 때는 충분히 칭찬해주자. 멋지게 정정당당하게 이겨야 진짜 기쁘다는 걸 배우게 된다. 반칙하고 싶은 마음, 포기하고 싶은 마음을 참아내고 정정당당한 방법을 선택한 경우를 찾아 격려해준다면 아이는 성취감을 느끼며 마음이 건강한 아이로 자랄 수 있다.

**형제 갈등이
심한 아이들**

Q 27개월 아들, 40일 된 딸을 둔 엄마입니다. 아빠가 6개월 정도 장기출장 중이에요. 아들이 한창 몸으로 놀고 아빠랑 애착이 형성되는 시기였는데 아빠가 없으니 불안해하며 저한테 더 매달리기 시작했어요. 그 사이 둘째를 출산하고 산후조리 기간 2주 동안 친정에 맡겼는데 집으로 돌아오니 더 저와 떨어지지 않으려고 해요. 아들이 잘 때 엄마 가슴을 만지며 잠드는데 둘째 수유하느라 못 만지게 하니 막 짜증을 내요. 저도 극심한 피로 때문에 둘째가 잠들어도 놀아주지 못하니 첫째 아이에게 너무 미안해요. 저랑 놀다가도 둘째가 울면 아쉬운 표정으로 "아기 맘마 줘"라고 말하는데 그 표정이 너무 안쓰럽습니다. 첫째가 심술 나면 둘째를 가끔 때리기는 하지만 아직 심하진 않아요. 큰아이 마음도 위로하고 동생과 잘 지낼 수 있도록 훈육하고 싶어요.

Q 36개월 큰아이가 15개월 된 동생을 들어 올려서 레슬링을 하려고 해요. 안 된다고 가르쳐도 웃으면서 또 해요. 어떻게 훈육해야 할까요?

Q 초등학교 2학년 아들과 6살 아들 두 아이를 키우고 있어요. 큰아이가 자기는 4살부터 맞고 혼나기만 했다고 말하고 다녀요. 동생이 자기 것을 다 빼앗아 갔다며 동생에 대한 원망, 질투, 미움도 큰 것 같아요. 엄마가 안 볼 땐 동생을 때리고 들고 있는 걸 빼앗거나, 제 것은 손도 못 대게 해요. 가끔 둘이 잘 놀 때도 있지만, 동생은 형이 없으면 좋겠다는 말을 하기도 해요. 두 아이가 서로 미워하거나 원망하지 않고 잘 지낼 방법을 알고 싶어요. 둘이 싸울 때마다 훈육해보지만 늘 실패하고 맙니다. 형제간의 갈등을 해결할 훈육법을 알려주세요.

어느 집이든 두 아이 이상을 키우는 엄마는 아이들끼리의 다툼에 너무 지친다. 그렇게 싸울 거면 차라리 떨어져 있는 게 낫겠다 싶어 따로 놀라고 해도 소용없다. 굳이 서로 찾아가서 괴롭히고 싸우는 형국이다. 대부분의 형제, 자매, 남매들은 싸우며 자란다. 싸우면서 진짜 서로 미워하게 되는 경우도 있지만, 대부분 그래도 미운 정 고운 정 쌓으며 형제애를 키워간다. 우리 아이들이 어떤 경우인지 알고 싶으면 아이들의 대화를 살펴보자. 지금 우리 아이들이 나누는 말 중에 이런 대화가 있는가?

...

형, 고마워. 형, 도와줘. 이거 어떻게 하는 거야? 형, 나 잘했지?

•••

형이 도와줄게. 이렇게 하는 거야. 내가 가르쳐줄게.

이런 대화가 있다면 형제간의 관계를 잘 키워가고 있는 것으로 봐도 괜찮다. 반대로 이런 대화는 전혀 들어볼 수 없고, 붙었다 하면 싸우기만 한다면 부모의 제대로 된 훈육이 필요한 시점이다.

형제간의 상호작용은 아이의 발달에도 큰 영향을 미친다. 아이가 느끼는 형제관계가 온화하고 친밀할수록 아이는 과업지향적이고 부모에 대해 애정적이며, 유능하고 지도적이며 활동적이고 자존감도 높다는 연구 결과가 있다. 반대로 갈등이 많을수록 아이는 반항적이며 불안정하고 자존감 낮을 뿐 아니라, 대인관계에서도 불신, 경쟁적, 공격적, 반항적인 성향을 더 가지고 있다는 연구 결과가 있다. 즉 형제관계는 아이가 건강한 정체성을 만들고, 사회적 관계기술을 배우는 학습의 장이 되는 반면, 심각한 심리적 손상을 초래할 수도 있다는 의미다. 그러니 형제간의 싸움이 반복되고 있다면 부모가 꼭 나서서 해결해야 한다.

형제 갈등을 효과적으로 해결하기 위해서 형제 갈등의 주요 특징 3가지를 알아보자.

① 매일 반복된다.

② 서로에게 책임을 전가하고 자기 행동은 정당화한다.

③ 말로 싸우다 몸싸움으로 번진다.

대부분 형제자매는 아마 이 세 가지 특징에 모두 해당할 것이다. 아이들이 이럴 수밖에 없는 심리적 원인은 서로 경쟁 중이기 때문이다. 부모의 관심과 사랑, 인정 그리고 장난감과 음식 등 한정된 자원에 대한 치열한 경쟁이 벌어지고 있다. 게다가 이상한 원칙을 적용하고 있다.

'내가 먼저 만졌어 규칙', '내가 먼저 봤어 규칙', '내가 찜해뒀어 규칙'이다. 한마디로 '내가 먼저 그 장난감을 봤거나 만졌다면 그건 내 장난감이니까 너는 가지고 놀면 안 돼'라고 주장한다. 서로 이런 이상한 잣대를 가지고 있으니 날마다 싸움이 날 수밖에 없다. 이러니 아무리 설득하고 설명해도 소용이 없고, 부모가 아무리 공정한 판단을 내려도 두 아이 모두에게 원망이 남는 것도 이상한 일이 아니다.

이제 형제 훈육에 대해 알아보자. 우선 형제간의 갈등은 없어지지 않는다는 전제에서 시작하자. 형제 갈등은 불가피한 것이고 존재할 수밖에 없다. 오히려 없으면 그것도 살펴보아야 할 일이다. 발달적으로 아이가 '이건 내 거야'를 주장하는 것은 당연하니 형제가 있으면 갈등이 생길 수밖에 없다. 하지만 이런 부대낌을 통해 자신이 다른 가족 구성원과 다르다는 것을 알게 되고 성숙하게 개인 정체성이 발달하는 기회를 얻는다. 또 타인의 생각을 존중할 줄 알게 되고, 자기 마음을 표현하는 법도 배우고, 어떻게 자신을 방어해야 하는지도 배운다. 갈등을 해결하는 방법과 긍정적인 사회관계를 맺는 법도 배운다. 이렇게 소중한 경험들이 바로 형제관계에서 일어나는 일들이다. 그러나 이 과정에서 욕하기, 소리 지르기, 울기, 신체적 폭력이 두드러지게 나타난다면 제대로 된 훈육이 필요하다는 신호이다.

아이들끼리의 갈등에 효과적으로 개입하고 싶다면 세심함이 필요하다. 싸우지 말라는 소리는 백만 번을 해도 효과가 없다. 아이의 싸움에 부모가 평정심만 유지할 수 있다면 지금보다 훨씬 세련된 방법으로 훈육에 성공할 수 있다.

초등 1학년 민준이와 6살 동준이 형제의 상호작용에서 어떤 훈육을 활용해야 하는지 세심하게 살펴보자. 엄마 말에 따르면 형 민준이와 동생 동준이의 평소 모습은 그야말로 난장판이라고 했다. 어떨 땐 형이 동생을 쥐 잡듯이 괴롭히고, 어떨 땐 동생이 형을 잡아먹을 것처럼 덤빈다고 했다.

상담실 로비에서 형은 의자에 앉아 음료수를 마시고 있다. 동생은 그림을 그리고 있었다. 둘 다 각자 원하는 걸 하고 있으니 평화롭다. 물론 이런 시간은 아주 짧다. 동생은 색연필로 그림을 그리다 냉장고를 가리키더니 선생님께 "냉장고에 넣어서 얼리면 그림이 굳어서 안 지워져"라고 말했다. 선생님은 색연필 그림은 냉장고에 넣지 않아도 지워지지 않는다고 설명해주었다. 아이가 그래도 냉장고를 가리키면 같은 말을 반복한다. 선생님은 그런지 아닌지 형에게 물어보자고 했다. 갑자기 동생은 딴청을 부린다. 형에게 물어보지 않으려 하는 태도이다.

"형에게 한번 물어보자"고 한 번 더 말하니 손으로 그림을 쓱 문지르고선 "지워져"라고 말한다. 형을 거부하고, 형의 가르침은 받지 않겠다는 강한 의지가 느껴진다. 동생은 형을 형으로 인정하지 않는 분위기다. 형에 대한 동생의 태도에서 왜 둘이 그렇게 싸우는지 아주 중요한 이유 한 가지가 확연히 드러난다. 동생은 자신보다 형이 더 많이 알고 그래서 형에게 물어보아야 하고 형에게 도움을 청해야 한다는 것을 인정하지 않고 있었다.

게다가 민준이는 자기표현이 부족한 아이여서 원하는 게 있으면 갑자기 다가와 뭔가를 가져가 버리거나 밀쳐버렸다. 예고 없는 형의 행동에 동생은 동생대로 늘 짜증이 나고 지쳐 있었다. 두 아이가 또 잠시 조용히 있다. 이번에는 형이 동생에게 다가와 뭐라고 귓속말을 한다. 로비 탁자에 올려진 LED 초를 켜달라고 말하라고 동생에게 시킨 것이다.

선생님이 이를 알아차리고 "잠깐만, 민준아. 네가 직접 말해줘. 그래야 부탁을 들어줄 수 있어. 선생님은 그게 더 좋아"라고 말해줬더니 민준이가 다가와서 "촛불 한 개 켜주세요"라고 부탁한다. 직접 말해줘서 고맙다고, 앞으로도 원하는 게 있으면 직접 말하라고 충분히 칭찬해주자 민준이는 기분이 좋아졌다. 그런데 기분이 좋아져서 하는 행동이 갑자기 동생을 안아서 번쩍 들어 올리는 것이었다. 돌발적 행동이라 놀랐지만, 다행히 동생도 기분이 좋은지 씨익 웃는다. 둘의 관계에서 뭔가 새로운 경험이 필요할 것 같아 개입하기로 했다.

"와! 형이 안아주었네. 민준이 형 힘 세다. 동준이 너도 형 안아줄 수 있어?"

동생 동준이는 못한다고 고개를 젓는다.

"그것 봐, 형은 힘도 세니까 너를 안아줄 수 있는 거야." 엄지손가락을 들어 보이며 "형 최고! 이렇게 말해보자"라고 말했다. 동준이는 따라 하지 않고 딴 데를 쳐다보며 딴청을 부린다. 두세 번 더 설득하는 말투로 말해보았지만 동준이는 '형 최고'라는 말을 따라 하지 않는다. 동생의 마음속에 '형'이라는 존재가 제대로 자리매김되어 있지 못하다.

바로 이 부분이 동생이 새롭게 깨달아야 할 부분이다. 형은 나보다 힘도 세고, 나보다 아는 것도 많고, 나를 도와줄 수 있는 존재라는 사실, 형이 나보다 더 크니까 조금 더 먹어야 하고, 먼저 해야 하는 것도 있다는 사실을 깨달아야 한다. 그렇지 않고서는 형제간의 갈등이 사라지고 우애 있는 형제가 되기를 바라기는 어렵다.

"형이 안아주니까 좋다고 했지? 기분 좋았으면 고맙다고 하는 거야. 자, 따라 해보자. 형 최고!"

이렇게 가르치며 두세 번을 더 말하니 그제야 수긍한 듯 동준이는 작은 목소리로 "형, 최고!"라 말하고 엄지손가락을 든다. 드디어 동생은 형의 존재를 인정했다.

그런데 동생 말을 들은 형이 기분이 좋았는지 갑자기 또 동생을 안으려 한다. 그런데 안는 자세가 아까와는 다르다. 마치 결혼식 때 신랑이 신부를 안는 자세처럼 한 손은 등으로, 다른 손은 다리 쪽으로 넣어 동생을 들어 올리려 한다. 놀란 동생이 울상이 되어 "하지 마! 하지 마!"라고 소리친다. 하지만 형은 계속 동생을 들어 올리려 한다. 동생은 하지 말라고 비명 지르듯 소리친다. 그래도 민준이는 계속 들어 올리려 시도했다. 동생이 하지 말라고 울면서 소리 지르는데 왜 멈추지 않는 걸까? 민준이의 행동이 이상하다. 민준이를 멈추게 하고 질문했다.

"잠깐만, 민준아. 지금 동생이 뭐라고 말했어?"

"형 최고라고."

헉! 지금 민준이 귀에는 동생이 겁먹은 목소리로 울면서 "하지 마, 하지 마"라고 말한 소리는 들리지 않았다. "지금 동생이 '하지 마'라고 소리치는 말 들었어?" 그러자 민준이는 어리둥절한 표정으로 선생님을 바라본다. 한 번 더 물으니 "아, 들었어요"라고 말한다. "동생이 하지 말라고 소리치면 어떻게 해야 해?" 또 대답이 없다.

민준이도 동생을 대하는 태도를 제대로 배우지 못한 것 같았다. 어린 동생과 놀거나 돌볼 땐 동생이 싫다거나 울면 일단 멈추고 뭐가 불편한지 살펴볼 줄 알아야 한다. 민준이가 8살, 동준이가 6살인데 민준이는 동생이 태어난 지 6년 동안 형 역할하는 법을 배우지 못한 것 같다.

이렇게 말하면 엄마 입장에서는 억울할 수 있겠다. 민준이에게 동생 대하는 법을 수도 없이 가르쳤는데 아이가 안 따라주니 어떡하냐고 따지고 싶을 것이다. 하지만 많이 말했다고 해서 아이가 배우는 것은 아니다. 민준이에게 차근차근 다시 설명했다.

★★★
동생이 형 최고라고 말해주니 너무 기분이 좋았겠다.

• • •
네.

★★★
그럴 것 같아. 그런 말 전에도 들어봤어?

• • •
아니요. 처음 했어요.

★★★
와! 오늘 중요한 경험을 했구나. 앞으로도 동생이 종종 그럴 거야. 그런데 아까 동생이 '하지 마'라고 소리쳤을 때 왜 멈추지 않았어?

...

몰랐어요.

★★★

뭘 몰랐어?

...

멈추는 거요.

★★★

아, 민준이가 몰랐구나. 그럼 앞으론 어떻게 할 거야? 동생이 '하지 마, 싫어'

이렇게 말하면?

...

그럼 안 할 거예요.

★★★

와, 훌륭하다. 맞아. 동생이 '하지 마'라고 말하면 멈춰야 해.

이제야 개운해진 민준이는 기분 좋은 미소를 지으며 고개를 끄덕인다. 민준
이의 의도는 아주 좋았다. 동생의 말에 기뻐서 평소보다 더 힘을 내어 동생을
번쩍 들어 올려주고 싶었던 것이다. 하지만 민준이는 자신의 행동이 동생에게
어떤 느낌일지 알아차릴 역지사지의 이해력이 아직 발달되지 않았다. 이 경우
그냥 내버려두면 좋은 형제관계로 발달하지 못한다. 형은 형다운 권위와 위계
가 형성되어야 하는데, 동생이 보기엔 자신감이 없어서 직접 말도 못하는 만만
한 형이 덩치만 컸지 윗사람으로 느껴지지 않았다. 형도 아쉬울 때는 동생이 필

요하지만 자신을 별로 형으로 인정해주지 않는 동생이 사랑스러울 리 없었다.

이런 상황이라면 더더욱 예방적 훈육이 필요하다. 둘이 붙어서 싸울 때 훈육은 정말 어렵다. 한 아이만 데리고 훈육하기도 버거운데 씩씩거리는 두 아이를 진정시키고 훈육하기가 어찌 쉽겠는가? 형제간의 훈육일수록 사전에 해야 한다고 강조하고 싶다. 아주 사소한 활동에서부터 동생이 형에게 지켜야 할 예의를 가르쳐야 하고, 형은 형답게 동생을 도와주고 감사받을 줄 아는 태도를 키워야 한다.

'형제란 이런 거야'를 제대로 가르쳐주고 싶다면 가장 고전적 방법으로 시작하는 것도 좋다. 옛이야기 속의 형제자매 이야기를 들려주자. 《해와 달이 된 오누이》에서 오빠는 동생을 지키기 위해 함께 도망치고 밤을 무서워하는 누이동생에게 기꺼이 낮을 양보하고 자신은 달이 되었다. 《의좋은 형제》의 형과 동생은 서로를 위해 한밤중에 몰래 볏단 한 짐을 덜어 갖다주는 애틋한 형제애를 보여준다. 그렇게 날마다 한밤중에 서로 볏단을 갖다주다 드디어 마주치게 된다.

"이게 누구냐?" "아이고, 형님!" "그랬었구나." "그랬었군요."

옛이야기는 소중한 우리의 정서를 아이들에게 자연스럽게 스며들게 한다. "형님 먼저, 아우 먼저"를 노래 부르듯 따라 하면서 놀아보면 된다. '형제가 있어서 참 좋다. 우리도 이런 형제가 되었으면 좋겠다.' 잠깐이지만 아이들은 이런 생각을 하여 이야기를 즐긴다. 물론 한 시간 뒤에는 또 싸우겠지만 이야기는 아이 마음속에 자리 잡아 성장을 돕는다. 탄탄하게 자리 잡은 좋은 이야기는 삶의 패러다임을 바꾼다.

형제가 한판 붙었을 때의 상황대처 훈육법 4단계

예방 훈육을 미리 했건만 항상 문제 상황은 발생한다. 이제 두 아이가 붙어 싸울 때 어떻게 훈육해야 할지 알아보자.

1단계

일단 무조건 '멈춤'이다. 몸싸움이건, 말싸움이건 엄마는 두 아이의 말과 행동을 멈추게 해야 한다. 싸우는 아이를 멈추게 하는 방법은 '소리 지르기', '힘으로 떼어놓기' 등이다. 아이를 훈육할 때 어쩔 수 없이 엄마도 힘을 써야 할 때가 있는데 바로 이 상황이다. 아이들이 더 크기 전에 제대로 훈육해놓지 않으면 힘든 이유가 여기에 있다. 더 이상 엄마 힘으로는 아이들을 멈추게 할 수가 없기 때문이다. 큰 소리를 질러서 멈추게 해도 된다. 한 명만 번쩍 들어 방으로 데려가도 좋다.

2단계

두 아이를 한곳에 놓고 훈육하지 말자. 아이를 따로 떼어 놓고 각각 이야기를 나누어야 한다. 한 명은 방에, 한 명은 거실에. 이제 엄마가 누구와 먼저 이야기를 할 것인가 하는 문제가 생긴다. 이때 큰아이와 먼저 이야기 나누기를 바란다. 지금 우리나라는 이상하게 큰아이의 형으로서의 권리는 크게 인정해주지 않으면서 의무를 강조하는 경향이 강하다. 그래서 큰아이들이 더 억울한 게 많고 상처도 더 많은 편이다.

경험적으로 엄마가 동생을 데리고 먼저 이야기를 나누면 큰아이의 불안감이 높아진다. 그러니 대화도 나이 순서대로 해서 형의 권위를 인정해주는 것이 좋다. 작은 아이가 먼저 이야기하겠다고 우겨도 단단하게 말해주기 바란다. "엄마가 형 이야기 먼저 듣고 네 이야기도 들을 거야. 형이 먼저야."

3단계

이제 방에서 아이와 이야기를 나누자. 왜 싸우게 되었는지 질문하면 된다. 아이가 울 수도 있고 머뭇거릴 수도 있지만 이유는 꼭 들어야 한다. 윽박지르지 말고 이렇게 말해보자. "동생과 싸운 이유가 있을 거야. 이유를 말해줄래? 엄마가 들어야 네 마음을 위로해주지." 그리고 어떤 말을 하든 공감하고 수용해준다. "그래서 그랬구나. 그래서 화가 났구나. 엄마라도 그랬을 것 같아." 이야기가 끝나면 이제 동생과 이야기를 나누어보자. 방법은 똑같다.

4단계

두 아이의 이야기를 들었으면 이제 아무것도 하지 않고 그냥 놔두어야 한다. 둘이 불러다 억지로 사과시키고 껴안게 하며 화해시키지 않아야 한다. 아이들의 몫으로 남겨두자. 자발적으로 아이들이 자신들이 느낀 대로, 생각한 대로 행동해야 좋은 형제관계로 발전해간다. 엄마가 모든 것에 개입해야 한다는 생각은 위험하다. 엄마는 아무것도 하지 않은 채 30분 정도 아이들의 행동을 관찰해보자. 분명히 서로 약간 쑥스러운 시간을 거쳐 누군가 먼저 화해를 청하고 사과하거나 은근슬쩍 아무 일 없었다는 듯이 놀기 시작할 것이다. 만약 정확하게 사과하고 화해하는 언어가 나타나지 않으면 그때만 살짝 도와주자. 형제 갈등의 상황대처 훈육은 꼭 이렇게 해보기 바란다.

스마트폰에 집착하는 아이

스마트폰, 요즘 아이들에게 이보다 더 매력적인 게 있을까? 마치 블랙홀처럼 모든 걸 빨아들인다는 느낌이 들 정도다. 세상에서 제일 사랑하는 엄마 아빠도, 그렇게 좋아하는 놀이도, 신기한 장난감도 모두 스마트폰 앞에선 맥을 못 춘다. 이렇게 강력한 힘을 가진 물건이 우리 아이들의 성장에도 도움이 되는 것이면 얼마나 좋을까? 안타깝게도 스마트폰에 관한 연구들은 모두 스마트폰을 아이의 성장에 큰 방해가 되는 존재로 말하고 있다.

그럼에도 육아에서 스마트폰이 차지하는 비중은 점점 늘어나고 있다. 스마트폰이라도 줘야 잠시라도 숨 돌릴 틈이 난다는 엄마도 있고, 좋은 교육용 어플은 괜찮다고 생각하는 엄마도 있고, 스마트폰을 안 주려고 온종일 아이들과 씨름했는데 남편이 퇴근하자마자 아이들에게 스마트폰을 줘버려서 속상해죽겠다는 엄마도 있다. 어쨌든 스마트폰은 유용한 듯하지만, 아이와 부모의 갈등 원인이고 문제의 시작점이기도 하다.

스마트폰에 관한 평가들을 한번 살펴보자.

유아스마트폰증후군

6살 미만의 영유아가 스마트폰의 동영상이나 게임과 같은 일방적이고 반복적인 자극에 장시간 노출될 경우, 우뇌가 발달해야 하는 시기에 좌뇌가 과도하게 발달하여 좌뇌와 우뇌의 불균형을 초래하게 되는 현상.

– 류석상 한국정보화진흥원 디지털문화본부장

출생 후 0~3살 동안은 아이들의 우뇌가 폭발적으로 발달하는 시기다. 우뇌는 사회·정서적 두뇌로서 정서·인지 조절과 같은 비언어적 기능과 밀접하게 연관돼 있다. 이런 기능들이 발달해야만 다른 사람의 표정과 마음을 읽을 수 있고 타인과의 상호작용이 가능해진다. 그런데 유아기에 스마트폰 화면처럼 반복적인 자극에 오래 노출되면 우뇌 발달이 지연될 수밖에 없다. 또한, 스마트폰 운영체제는 영유아의 뇌가 주로 사용하는 직관과 이미지에 의존해 개발됐다. 이는 영유아가 스마트폰에 중독될 위험이 가장 높은 군일 수 있다는 것을 시사한다.

– 이홍석 한림대 강남성심병원 정신과 교수

미디어에 중독된 영유아들은 대체로 정서, 사회성 발달이 지체되고 있었다. 스마트폰에 중독된 아이들은 공감능력이 결여되어 공격적이었고 자아 중심적이었다. 자신의 감정에 대한 표현방법도 미숙했고, 전반적으로 발달의 모든 영역에서 지체돼 있었다.

– 육아정책연구소

스마트 디지털미디어를 과도하게 이용하면 학습기능 저해와 사회성발달부진, 폭력적 성향 등의 영향이 나타날 수 있다.

- 신영철 대한신경정신의학회 중독특임이사

만 4세 유아 자녀를 가진 1,703가구의 자료를 분석한 결과 스마트폰을 처음 사용한 시기가 빠르고 자주 이용하는 유아일수록 우울, 불안과 공격성 수준이 높게 나타났다고 밝혔다.

- 〈컴퓨터, 전자게임, 스마트폰 사용이 유아의 우울·불안과 공격성에 미치는 영향〉

논문 중

이렇게 대부분 전문가와 수많은 매체가 스마트폰의 유해성을 강조하고 또 강조하고 있다. 분명한 사실은 영유아기부터 청소년기까지 스마트폰이 도움되기보다 유해하다는 증거들이 많다는 것이다. 부모들도 모르진 않을 텐데 주변을 둘러보면 갓 걸음마를 시작한 아기에서부터 유아, 초등학생에 이르기까지 아이에게 스마트폰을 건네주는 부모의 손을 종종 확인할 수 있다. 나쁘다는 걸 알지만 왜 아이에게 줄 수밖에 없을까? 과연 주지 않을 방법은 없는 걸까?

스마트폰에 관한 훈육을 시작하기 전에 스마트폰에 대한 원칙부터 세우자. 아이에게 스마트폰을 얼마만큼 허용해줄 것인가? 아이가 떼를 쓰면 어떻게 말하고 행동을 제지할 것인가? 아이가 엄마 아빠 몰래 스마트폰을 보고 있다면 어떻게 할 것인가? 이런 질문에 답할 근거가 혼란스럽다면 원칙을 세우기 위해 미국소아과학회에서 제시한 가이드라인을 참고하는 것도 좋겠다.

- 자녀가 소셜미디어(SNS), 비디오 게임, TV, 동영상을 시청하는 데 시간제한을 두는 게 필요하다.
- 18개월 미만의 영아는 스크린을 보도록 하지 않는 게 좋다. 다만 영상통화로 할아버지나 할머니를 보는 건 괜찮다.
- 18~24개월 유아는 디지털 미디어를 접해도 괜찮지만 '고품격 프로그램'을 보도록 해야 한다.
- 2~5세 어린이의 경우 고품격 프로그램이라도 하루 1시간 이하로 보는 게 좋다. 역시 부모가 함께 시청해야 한다.
- 6세 이상의 어린이는 오락성 프로그램을 보는 데 시간제한을 두도록 한다.
- 초등학교부터 고등학교 학생은 미디어를 보는 시간 때문에 학습·운동·사회생활에 지장이 없도록 해야 한다.

미국소아과학회의 권고는 18~24개월 전후의 유아는 스마트폰을 접해도 된다고 하지만, 나는 스마트폰의 흡입력이 너무나 대단하므로 가능하면 접하는 시기를 더 늦추라고 말하고 싶다. 고품격 프로그램도 보기 시작하면 끊을 수가 없게 되므로 그 또한 조금이라도 더 늦은 나이에 시작하기를 권한다. 유아기의 부모와 자녀 사이에 발행하는 문제의 가장 큰 원인이 점점 스마트폰이 되어가고 있기 때문이다.

이제 스마트폰 사용에 대한 우리 집만의 원칙을 만들어보자. 예를 들어, 하루 딱 한 가지 아이가 좋아하는 동영상 보기를 허락하기로 했다면 꼭 지켜야 한다. 물론, 5분짜리 영상 한 개와 20분짜리 영상은 만족도가 다르니 시간과 양은 어느 정도 융통성 있게 정해도 된다. 중요한 건 그다음이다.

약속을 지키는 단단함이 스마트폰 문제에 있어서는 더욱 강하게 지켜져야 한다. 아이가 더 보겠다고 애원하고 매달린다고 마음이 약해져선 안 된다. 어설픈 공감으로 아이에게 틈을 보여서도 안 된다. 스마트폰을 달라고 떼쓰는 아이에게 "스마트폰을 정말 보고 싶구나"라고 말한다면 어떻게 될까? "스마트폰을 못 봐서 속상하구나." 이런 말은 아이에게 빌미를 제공하여 더 떼쓰게 한다. 바로 안 된다고 말하고 눈에 보이지 않는 곳으로 집어넣어야 한다. 엄마 아빠도 아이와 함께 있는 시간에는 꼭 필요할 때만 스마트폰을 사용한다는 규칙을 세운다. 어린아이들은 견물생심 증상이 무척 심하다. 눈앞에 보이는데 참으라고 하는 건 옳지 않다.

어쩌면 이런 단단한 태도가 불편하게 느껴질 수도 있다. 아이가 울고불고 떼쓰는 모습에 마음이 약해질 수 있다. 아무리 단단하게 안 된다고 해도 아이가 더 끈질기게 굴 수도 있다. 하지만 다른 대안은 없다. 확실하고 단단하게 제한하는 것이 어떤 결과를 주는지 살펴보자.

10세 미만까지는 스마트폰을 뺏는 방법만으로도 중독에서 벗어날 소지가 높다. 금단증상이 나타나더라도 3주 정도면 책 읽기나 다른 놀이를 통해 스마트폰 외의 자극을 찾아 활동할 수 있게 된다.

- 신동원 성균관대 의대 정신건강의학교실 교수

스마트폰의 경우에는 이용 제한의 강제성이 클수록 아동 청소년의 이용시간이 줄어드는 경향을 뚜렷이 보였다.

- 정보통신정책연구원

유럽연합(EU) 일부 국가는 유아동이 스마트폰에 노출되는 것을 제한하는 법률을 시행 중이다.

— 신영철 대한신경정신의학회 중독특임이사

안타깝게도 스마트폰을 능가할 보상거리가 별로 없다. 양치를 시킬 때는 내일 사탕을 주겠다는 말로 꼬드길 수 있고, 숙제를 시킬 때는 칭찬스티커로 유혹할 수도 있다. 하지만 스마트폰을 사용하지 않게 하려고 내걸 만한 조건이 없다. 그러니 전문가들이 제안하는 방법도 '스마트폰 뺏기, 이용제한의 강제성' 같은 것들이다. 보다 더 세련되고 멋진 방법을 제안하지 못해 미안한 마음이 든다. 그만큼 스마트폰의 영향력이 강하기 때문에 강제성을 가진 단단함만이 아이를 지킬 수 있는 것 같다.

다행히 1~10세 시기의 아이들은 부모가 스마트폰을 제한하기 가장 쉬운 연령대이다. 조금 더 커서 청소년기가 되면 통제는 거의 불가능해진다. 그러니 아직 아이가 어릴 때 부모가 스마트폰의 위험성을 인식하고 단단하게 제한해야 한다. 스마트폰을 효율적으로 지혜롭게 사용하게 하는 것은 모든 부모의 의무이자 바람이다. 스마트폰 없이도 아이가 즐겁게 잘 놀도록 가르쳐야 한다.

워킹맘의 고민1
: 엄마와 떨어지기 싫어 떼쓰는 아이

워킹맘은 고민이 참 많다. 아이를 어디에 맡겨야 할지 늘 고민이고, 직장을 계속 다닐지 말지, 아침마다 어떻게 아이와 떨어질지, 커가는 아이에게 적절한 양육을 할 수 있을지 끊임없이 고민한다.

이 모든 상황이 크게 두 가지로 구분된다. 양육이 너무 무겁게 다가와 당장 직장을 그만두어야 할 것 같은 때와 견뎌낼 수 있을 정도로 느껴질 때이다. 이 구분의 핵심에는 아이가 있다. 아이가 잘 자라고 있다면 일하는 엄마로서 당당함을 유지하며 워킹맘으로 살아갈 수 있을 것 같다. 하지만 아이에게 감당하기 어려운 문제가 발생하면 엄마의 자존감과 소망은 한순간에 물거품이 되어버리고 워킹맘으로 살지 전업맘으로 살지 고민하게 된다.

그래서 워킹맘은 가장 효과적인 훈육법을 배우고 싶어 한다. 집안일 하랴,

아이들 돌보랴, 출근해서 일하랴 몸이 몇 개라도 모자라니 효과적으로 훈육해서 아이의 행동을 조절하지 않으면 현실의 삶을 견디기 어렵기 때문이다. 나도 일하는 엄마로 살아오면서 어떻게 하면 아이를 잘 가르치고, 아이가 자기 상황을 받아들이고 상처받지 않고 밝게 자랄 수 있을지 고민에 고민을 거듭했다.

그런데 남들 하는 것처럼 해서는 효과가 없었다. 워킹맘은 짧은 시간 동안 아이와 찐한 사랑을 주고받아야 하며, 한마디를 해도 강력하게 아이의 마음을 움직여야 한다. 워킹맘이 활용할 수 있는 훈육법이 절실하게 필요하다. 워킹맘들의 대표적인 고민 세 가지를 통해 효과적으로 훈육하는 법을 알아보자.

Q 45개월 아들이 아침마다 제가 옆에 없으면 악을 쓰며 자지러질 듯 울어댑니다. 이렇게 우는 게 습관이 되어버린 것 같아요. 저는 워킹맘이고 위로 초등생 누나가 있어서 둘째 아이 옆에 있어줄 시간 여유가 없어요. 아침엔 아침밥도 챙겨줘야 하고, 집안도 정리하고 출근준비를 해야 하지요. 큰애는 순한 여자아이라 그런지 별탈 없이 유아기를 보냈는데 작은 아이는 너무 심하네요. 달래기도 하고 화도 내보지만 아무 소용이 없어요. 막무가내로 자기한테 다 맞추라는 식이에요. 게다가 아빠가 도와주려고 해도 밀쳐내고 무조건 엄마만 찾는 통에 전 몸과 마음이 지쳐버렸어요. 아이 아빠도 짜증이 심해지고, 아침마다 전쟁을 한바탕 치르고 출근하느라 진이 빠지네요. 어떤 해결책이 있을까요?

아이가 우는 아침은 엄마에게 참 힘든 시간이다. 성공적인 훈육으로 아이의 태도가 빨리 달라지길 바라는 마음이라면 우선 아이 마음부터 살펴보며 해결

책을 찾아보자.

첫째, 45개월 된 아들이 무엇이 불안하고 두려워서 아침마다 떼를 쓸지 생각해보아야 한다. 습관이 되어버린 탓도 있겠지만 애초에 습관이 될 만큼 심리적 어려움이 자주 있었다는 의미다. 단순하게 생각하면 엄마와 떨어지기 싫어서라고 짐작되지만, 꼭 그런 것만은 아니다. 불안과 두려움을 극복하고 엄마와 떨어질 수 있는 마음의 힘이 생겨나지 않았기 때문이다. 엄마와 떨어지기 싫지만 그래도 기분 좋게 '빠이빠이' 할 수 있는 힘이 무엇인지 알아차리는 일이 먼저가 되어야 한다.

아이가 엄마와 떨어져 있는 시간 동안 환경적으로 아이가 겪는 어려움이 무엇인지 알아차리는 일이 중요하다. 그런데 이런 고민을 말하는 엄마들을 만나며 한 가지 깨달은 점이 있다. 엄마가 없는 시간 동안 아이를 양육하는 사람의 문제인 경우도 있지만, 그보다는 엄마와의 애착문제가 더 컸다.

아침시간에는 바빠서 서로 소통하고 상호작용할 시간이 부족하다. 그렇다면 하루의 심리적 갈증과 부족함은 저녁시간에 함께 행복한 시간을 보내며 채워야 한다. 아이가 불안하고 안정되지 않는 가장 큰 이유는 부모와의 애착 경험이 부족하기 때문이다. 아이와 함께하는 저녁시간 동안 최소한 30분에서 1시간 정도는 아이 마음을 충전시켜주어야 한다. 엄마 아빠의 사랑과 웃음으로 심리적 에너지를 빵빵하게 채워줘야만 아이는 내일의 이별을 견뎌낼 수 있다. 그 외에 아이가 엄마와 떨어져 있을 때 겪는 이런저런 어려움은 이차적인 문제이다. 아이가 엄마와 떨어져 있는 동안 불안해하지 않고 안정감을 얻도록 엄마는 아이와 함께하는 시간 동안 즐거운 기억을 만들어줘야 한다.

둘째, 성공 경험에 해결방법이 있다. 아이의 행동이 달라질 수 있는 실마리는 바로 이전의 성공 경험에서 시작된다. 아이가 기분 좋게 아침을 보낸 날이 언제인지, 그날 아침은 왜 기분 좋게 엄마와 헤어질 수 있었는지, 아이가 잠에서 깰 때부터 뭔가 다르지 않았는지 생각해보자. 막연하게 '오늘은 웬일로 기분이 좋지?' 이렇게 넘어가지 말자. 그날 엄마가 아이를 깨운 방식부터 아침 식사 메뉴, 혹은 유치원에서 기대하는 일, 전날 행복한 기억 등 아이를 기분 좋게 만든 뭔가가 분명 있었을 것이다. 어쩌면 그것이 아이가 울지 않는 아침을 보내는 핵심열쇠가 될 수 있다.

셋째, 새로운 방법을 시도해본다. 유아기 아이의 심리적 특징에 대한 이해가 필요하다. 엄마 아빠가 아이를 달래기 위해서 하는 말은 아주 현실적인 말들이다. "빨리 밥 먹어. 어서 유치원 가야지, 엄마도 출근해야 해. 엄마가 할 일이 많아." 이런 말을 수백 번 해도 아이에겐 전혀 먹혀들지 않았을 것이다. 상황을 설명하고 달래고 화내는 말이 모두 그런 내용이다. 그러나 엄마와 떨어지기 싫어서 우는 아이에게 현실 상황을 설명하는 건 별 소용이 없다. 엄마와 떨어지는 불안감이 훨씬 더 크니 그런 상황을 이해하기 어렵다.

유아기의 특성을 살려 새로운 방법으로 말해야 한다. 앞에서 말한 스토리텔링 훈육법이 필요하다. 아이와 헤어지는 상황에서 가장 효과적인 방법은 아이에게 뭔가 상상할 거리를 주고, 엄마와 잠시 이별해도 엄마가 분명히 돌아올 것이라는 믿음을 주는 것이다. 유아기에 상상놀이를 많이 할수록 창의성과 문제해결능력이 좋다는 건 모든 학자가 강조하는 점이다. 그런데 부모가 상상놀이에 대한 이해가 부족해 일상생활에서 잘 활용하지 못하는 경우가 대부분이다.

아이가 좋아하는 만화 캐릭터나 그림책 주인공을 아이 마음으로 데려와서 이렇게 말해보자.

> ···
> 호랑이가 나타나서 동물들을 괴롭힌대. 엄마가 가서 호랑이 혼내주고 올게.
> 경찰 아저씨가 나쁜 놈들 혼내주는 데 도움이 필요하대. 아빠가 가서 도와
> 주고 올게.

가끔 아이 손을 엄마 가슴에, 엄마 손을 아이 가슴에 갖다 대고 이야기해보자. 창빈이와의 대화에서 "네 마음속에 엄마 있어?"라고 물었을 때 창빈이는 바로 "없다"고 대답했다. 아이 마음속에 엄마가 자리 잡고 있지 않으면 엄마와의 분리는 아무리 짧은 시간이라도 너무 어려운 일이 된다. 이제 이렇게 해보자.

> ···
> 네 마음속에 엄마 있어, 없어? 아, 엄마가 별로 없어서 그렇게 울었구나. 엄마
> 가 네 마음속을 채워줄게. 꽉 채워져라, 얍!

이런 방법이 쑥스럽거나 어처구니없게 느껴질 수 있지만 성공 확률은 어느 방법보다 높으니 꼭 시도해보기 바란다. 이런 준비가 된다면 이제 사소한 상황에서의 훈육은 매우 성공적일 수 있다.

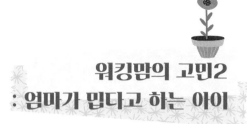

워킹맘의 고민2
: 엄마가 밉다고 하는 아이

Q 4살 딸이에요. 아이가 한번 떼쓰면 엄마 밉다고 계속 소리칩니다. 그럼 나도 "엄마 회사 가서 안 올 거야. 그렇게 엄마 미우면 아빠하고만 살아. 아니면 아예 할머니한테 가서 살던지, 나도 너 미워" 하고 소리칩니다. 지나고 나면 어처구니없지만 정작 아이와 붙으면 제가 이러고 있어요. 아이와 서로 밉다고 아우성치다가, 아이가 지쳐서 멈추면 끝이 납니다. 이런 일이 계속 반복이네요. 그냥 크는 과정인가요, 아니면 문제가 있는 건가요? 엄마가 낮에 돌보지 않아 아이가 스트레스 때문에 그런가요? 어떻게 훈육해야 할지 궁금합니다.

자식을 떼어놓고 일 나가는 엄마 마음이 어떤지도 모르고 아이는 "엄마 미워"라는 말로 화를 돋우고 있다. 엄마가 얼마나 화가 나고 속상하면 어린아이를 붙들고 말도 안 되는 싸움을 벌이고 있을까? 그 마음이 충분히 이해가 된다.

엄마도 아이도 진정하고 훈육에 성공하기 위해 차근차근 생각해보자. 우선 엄마는 어느 부분에서 발끈하는가? 엄마가 밉다는 아이의 말 때문인가, 아니면 이런 상황 자체가 화가 나는가?

이렇게 엄마 밉다고 울부짖는 말이 아이가 속상하다는 표현이라는 건 너무 잘 안다. 하지만 엄마도 사람인지라 면전에서 밉다고 하니 화가 날 수밖에 없다. 이럴 때일수록 마음을 진정하자. 아이는 뭐가 그리 속상하길래 온종일 보고 싶었던 엄마를 만나자마자 밉다고 소리 지를까? 아이의 말은 분명히 역설적 표현이다. '너무 보고 싶어요. 엄마가 없어서 너무너무 힘들었어요'라는 말을 아이 방식으로 표현한 것뿐이다. 그러니 고민 1의 사례처럼 아이와 즐거운 시간을 가져야 한다. 엄마 아빠를 원망하던 아이도 딱 5분만 함께 웃고 나면 씻은 듯이 마음이 개운해진다. 아이가 가장 바랐던 것이 바로 이런 시간이기 때문이다.

만약 그렇게 즐거운 시간을 함께했는데 미운 말이 멈추지 않는다면 이제 그 상황에서 적절한 훈육을 시작해야 한다. 훈육의 원칙은 항상 간단하다. 따뜻하게 단단하게, 아이가 깨달을 수 있도록 진행한다.

"짜증내지 말고 엄마한테 와. 그럼 엄마가 안아줄게." 이 정도면 충분하다. 몇 번 더 똑같은 말을 하고 하던 일을 계속해도 된다. 30~40분 지나면 아이가 와서 은근슬쩍 엄마를 잡거나 '엄마 엄마' 하며 말을 걸려는 행동을 보이게 된다. 그때도 덥석 물지 말고 담담하게 "이제 괜찮아졌어?"라며 다독인다. 그리고 아이의 눈을 보고 천천히 말해주자. "그래, 기특해. 이제 짜증내지 말고 말해. 엄마는 너를 정말 사랑해. 알고 있지?" 이렇게 말하며 따뜻하게 안아서 사랑을 전하자.

이렇게 몇 번 반복하면 아이는 자기 마음을 조절하는 법을 배우게 된다. 그러면 다음엔 훨씬 쉽다. 아이가 짜증내기 시작하면 엄마는 집안일을 시작하면서 한마디만 해도 된다. "엄마가 기다릴게. 예쁘게 말할 수 있으면 엄마한테 와."

아이의 우는 소리를 견디기 괴롭겠지만 이 정도 불편감은 감수해야 평화를 얻을 수 있다. 혹시 정말 견디기 힘들면 엄마의 심리적 맷집이 너덜너덜한 상태일 거다. 이 정도로 엄마가 힘든 상황이라면 훈육법을 고민하지 말고 엄마 마음 추스르기부터 진행해야 한다. 엄마 마음을 먼저 치유해서 작은 일에 크게 좌절하지 않도록 맷집을 키워야 한다.

짜증이 많고 화를 자주 내는 아이에게 가장 시급한 것은 마음에 사랑을 회복하는 것이다. 이런 아이일수록 사랑과 관심에 대한 욕구가 크다. 엄마 아빠가 사랑한다고 자주 표현해주고 충분히 스킨십 해주는 것만으로도 행동이 개선되는 효과를 볼 수 있다.

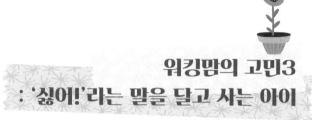

Q 초등학교 2학년 딸입니다. 밝고 에너지가 넘쳐 사람들과 쉽게 친해지고, 호기심
도 많고, 적극적인 성격입니다. 그런데 엄마인 저와 너무 맞지 않아 힘이 듭니다.
저녁이면 저는 쉬고 싶은데 아이는 계속 저와 놀기를 원해요. 잠시 놀아주어도 끊
임없이 같이 놀자고 합니다. 보드게임, 인형놀이, 계속 가져다 놀자고 하는데 정
말 미치겠어요. 자기 뜻대로 안 해주면 무조건 "싫다"고 대답합니다. 놀아주지
않으면 한 번 말해서 듣는 경우가 없고, 씻기, 숙제하기, 준비물 챙기기를 시키면
'싫어, 안 해'라고 외칩니다. 정말 고집불통이에요. 어떻게 하면 이런 버릇이 없어
질까요?

워킹맘으로 살기가 정말 만만치 않다. 집에 오면 할 일도 많은데 아이가 비
협조적이면 정말 화나고 원망스런 마음이 들 수밖에 없다. 그럴 땐 잠시 심호흡

하거나 잠깐 바람을 쐬고 마음을 진정시키자. 작은 노력만으로 아이의 태도를 바꿀 수 있는 방법이 있다. 어떻게 하면 힘든 저녁시간을 행복한 시간으로 바꿀 수 있는지 알아보자.

첫째, 워킹맘의 자녀로 사는 아이의 마음을 헤아린다. 혹시 워킹맘의 자식으로 살아본 적 있는가? 온종일 엄마를 기다린다는 것이 어떤 느낌인지 제대로 느껴본 적 있는가? 아이 마음을 알아야 아이 행동을 변화시킬 수 있다. 자기 마음도 몰라주는 사람을 위해 행동을 바꾸려 하지 않는다. 그러니 '일하는 엄마를 둔 아이 마음'을 먼저 알아보자.

워킹맘은 전업맘에 비해 아이를 챙기는 데 부실할 수밖에 없다. 아침이면 엄마도 출근준비를 해야 하기 때문에 아이를 다그치게 되고 그럼에도 챙길 걸 빠뜨리는 일이 종종 있다. 하교할 때도 마찬가지다. 학교 앞에서 아이를 기다리는 엄마들을 보며 아이가 느끼는 외로움과 쓸쓸함도 만만치 않다. 학교 일에 열심히 참가하는 다른 엄마들을 보면서 아이는 우리 엄마도 학교에 오기를 간절히 바라기도 한다.

이렇게 엄마 없이 견디는 시간 동안 아이의 마음에는 여러 가지 감정이 쌓이게 된다. 그런 상황에서 퇴근한 엄마와 만난다. 아이는 엄마에게서 어떤 말이 듣고 싶을까? 엄마가 어떻게 해주기를 바랄까? 그런데 엄마가 함께 시간을 보내기보다 집안일만 처리하고 누워버리면 아이 마음은 너무 외롭다. 아이가 계속 놀자고 보채고 싫다고 외치는 건 아마 그런 이유 때문인 것 같다.

둘째, 엄마의 말과 행동이 바뀌어야 아이의 마음이 움직인다. 퇴근한 엄마의 행동이 아이의 행동을 결정한다. 엄마를 배려해주고 예쁘게 자기 할 일도 잘하거나, 아니면 억지 부리고 짜증내거나 둘 중 하나다. 아이가 놀이에 집착하는 것 같지만 사실 아이는 엄마와 즐거운 시간을 보내고 싶은 것일 수도 있고, 엄마가 숙제를 도와주기를 바라는 것일 수도 있다. 어떻게 아이를 달라지게 할까 생각하기보다는 '엄마가 무엇을 다르게 할까'를 고민하면 좋겠다.

셋째, 퇴근 후 10분이 저녁 시간을 바꾼다. 퇴근하자마자 엄마는 할 일이 너무 많다. 하지만 온종일 엄마를 그리워했을 아이와 사랑을 나누는 시간 10분은 꼭 내어주기 바란다. 엄마 없는 시간 동안 얼마나 엄마가 보고 싶었을까? 엄마가 없어서 불편한 건 없었는지 물어봐 주자. 얼굴 마주 보고 안아주면서 잠시 아이와 함께 쉬어보자. 아이 마음에 쌓인 안 좋은 감정이 싹 씻겨나가는 게 보인다. 초등학교 2학년은 아직 어린 나이다. 엄마의 친절하고 포근한 말에 목말라 하고 자신의 마음을 알아주기를 바라는 어린아이일 뿐이다. 그런 아이에게 잔소리만 한다면 아이는 아무것도 하고 싶지 않을 뿐 아니라 원망과 분노가 쌓여 반항적인 행동을 하게 될 수밖에 없다.

넷째, 저녁시간 계획을 세워보자. 이제 마음이 안정되었다면 엄마가 할 일, 아이가 할 일을 각자 말하고 잘 해보자고 서로 격려해주면 된다. 거창한 계획표가 아니다. "엄마는 이제 청소하고 저녁 준비하고 밥 먹고 30분 쉴 거야. 그 다음에 너랑 30분간 놀고 싶어. 넌?" 이렇게 엄마가 저녁시간을 어떻게 보낼지 먼저 말하면 아이도 엄마를 모델 삼아 비슷하게 말할 수 있게 된다. 조금 마음에 들지 않는다면 엄마의 걱정되는 마음과 바라는 것을 말해주자. 얼마든지 행복한 협상이 가능하다.

다섯째, 아이가 싫어하는 것은 억지로 하라고 하지 말고 이렇게 말해보자.

"싫으면 억지로 안 해도 돼. 하고 싶을 때 하면 되니까 괜찮아." 이렇게 말해주면 아이는 그때부터 '언제 할까?'를 고민하게 된다. 아이의 선택이 마음이 들지 않으면 그날은 아이의 의견을 존중해주고 다음 날 이렇게 말해주자. "오늘은 어떻게 하고 싶어?" 이렇게 아이의 생각을 질문하면 아이는 하루하루 더 좋은 방향으로 생각을 키워갈 것이다.

이런 대화를 나누다 보면 진짜 신기한 일이 생긴다. 싫다고 했던 그 행동을 아이 스스로 더 잘하려 애를 쓰게 된다. 사람의 마음이 참 오묘하다는 생각이 든다. 싫다고 했을 때 마음을 바꾸려 하면 더 완강해지지만, 그 마음을 받아주고 다독여주면 오히려 싫은 일을 해낼 힘이 생기니 말이다. 나는 많은 아이를 만나며 아이들의 생각과 행동이 신기할 정도로 확 바뀌는 짜릿한 기쁨을 경험했다. 이 경험을 많은 엄마 아빠가 해보기를 바란다.

우리 아이들의 마음속 가장 깊은 곳에 있는 기본 욕구는 엄마 아빠와 함께 행복하게 사는 것이다. 그야말로 '즐거운 우리 집'에서 행복하게 살고 싶은 것이다. 중학생, 고등학생이 되어도 마찬가지다.

성인이 되어도 그렇다. 공부도 잘하고 싶고 사회적으로 이루고 싶은 것도 많지만, 사람 마음 가장 깊은 곳에서 바라는 진짜 소망은 사랑하는 가족과 행복하고 따뜻한 시간을 보내는 것이다. 워킹맘의 아이들은 그런 시간이 절대적으로 부족하다. 그러니 일반적 시각으로 아이의 문제를 보기보다, 엄마와 함께 즐거운 시간을 보내고 싶어 하는 가장 기본적 욕구 해소에 충실해보면 좋겠다. 그것이 충족되어야 가르치는 훈육이 가능해진다.

8장

성장 시기별
훈육법

비고츠키에게 배우는 훈육의 지혜

훈육에 대한 가장 중요한 개념은 충분히 이야기했다. 이제 아이가 커가는 시기별로 어떻게 훈육하면 좋은지 알아보자. 성장시기별 훈육을 책의 맨 마지막 부분에서 거론하는 이유가 있다. 아이들을 대하는 기본적인 훈육 태도는 나이와 상관이 없기 때문이다. '따뜻하게, 단단하게, 깨닫는 훈육'은 1~10살 아이 모두에게 적용된다. 다만, 성장 시기별로 아이들은 다양한 행동특성을 보이므로 아이의 발달심리에 대한 지식이 필요하다. 훈육에 관한 책을 보는 부모라면 어느 정도 아이의 발달사항에 대해 알고 있고 이해하고 있으리라 생각한다. 그런데 정작 부모의 하소연들을 살펴보면 실제 행동에서 나타나는 발달적 특징에 대한 이해는 부족해 보인다.

3살 된 아이가 "내가, 내가!", "싫어, 싫어!"를 외치는 건 당연하다. 뭐든지 직접 만져보고 조작해보려는 욕구가 강한 시기이기 때문이다. 직접 하려는 의지가 강해지니 저절로 누군가의 개입에는 싫다는 말을 하게 된다. 이런 발달 과정을 모른 채 아이가 반항한다거나 너무 말을 안 듣는 것으로 생각하면 길을 찾기 어렵다. 이제 아이가 커가면서 나타나는 심리적 특징을 알아보자. 아이의 행동을 이해하게 되면 훈육도 훨씬 수월해질 것이다.

심리학계의 모차르트라 불리는 구소련의 심리학자 레프 비고츠키(Lev Vygotsky)는 아동의 인지발달에 있어 부모와 교사의 도움을 강조했다. 아이는 혼자서 문제를 해결할 수는 없지만, 부모와 교사 등 문화적 맥락을 공유하는 사람들을 통해 학습하고 교육받을 수 있다고 한다. 즉 타인에 의한 잠재적 발달이 가능하다. 인지발달에 대한 그의 두 가지 주요 개념을 살펴보자.

첫째는 '근접 발달 영역'이다. 그림에서와 같이 3단계로 이해해보자. 지금 현재 실제로 할 수 있는 학습된 영역과 어른의 도움과 유능한 또래와의 협력 속에서 문제를 해결할 수 있는 근접 발달 영역이 있다.

쉽게 말해서 지금 현재 할 수 있는 나의 능력은 5정도이지만 도움을 받아서 도달할 수 있는 영역이 있고, 아직 하지는 못하지만 좀 더 발달하면 발휘할 수 있는 잠재적 능력을 가진 영역이 있다는 것이다. 물론 무조건 도움을 주어 억지로 끌어올려야 한다는 의미는 아니다. 아직 아이가 도달하지 못한 수준의 학습이 외부의 지도나 억지 암기만으로는 이뤄질 수 없다는 의미다. 발달에 적합한 수준이어야 한다. 이는 학습과 생활 모두에 적용된다. 자신의 발달에 적합한 상황에 대해서는 아이가 호기심과 흥미를 갖지만, 자신의 발달보다 너무 쉽거나 어려운 사건에 관해서는 관심을 보이지 않는다는 의미이다. 다음 예를 살펴보자.

두 아이에게 비슷한 수준의 문제를 내주었다. 두 아이의 실력이 비슷하여 60점이 나왔다고 하자. 그다음 약간 더 어려운 문제를 내주고, 이번에는 약간의 도움을 제공한다. 문장을 끊어 읽게 하거나, 생각할 수 있는 힌트를 주었다. 이때 한 명은 70점이고 다른 한 명은 80점이 나올 수 있다. 이는 잠재적 능력의 차이를 보여주는 것으로 이해할 수 있다. 이때, 똑같은 걸 제공했는데도 우리 아이가 조금밖에 나아지지 않았다고 실망할 필요는 없다. 70점 수준을 보여준 아이는 다음의 도움에서 또다시 발달할 수 있기 때문이다. 중요한 것은 현재 아이의 발달에 적합한 도움이 무엇인지 부모가 아는 것이다. 그리고 아이가 스스로 할 수 있는 것과 도움을 받아야 할 수 있는 것, 잠재적인 것으로 아이의 발달이 구성된다는 것을 이해하는 것이다.

지금 아이의 문제행동이 많아 보여도, '발달에 대한 이해'는 희망을 갖게 한다. 현재 우리 아이의 수준을 고정불변의 능력으로 오해하는 것은 잘못이다.

적합한 도움을 주면 아이는 못하던 것도 해낼 수 있다. 비고츠키는 인지발달로 설명했지만 정서 발달, 행동 발달도 비슷한 과정을 거친다는 걸 경험적으로 알 수 있다.

둘째는 '비계설정(Scaffolding)'이다. 아이가 스스로 해결할 수 없는 과제에 직면했을 때 부모나 교사, 혹은 유능한 또래가 도와주는 현상을 말한다. 처음에는 약간 큰 도움을 주다가 능력이 발달함에 따라 그 정도를 줄여가야 하며, 그러면 결국 아이가 혼자서 해결할 수 있는 단계에 도달하게 된다는 것이다. 이 과정에서 아이는 성취감을 느끼고 자기 효능감을 느끼게 되며 독립심과 자율성, 책임감도 발달하게 된다. 비계설정이라는 이 어색한 단어를 좀 더 쉽게 '디딤돌 역할'이라 이해해도 좋겠다.

비고츠키는 아이라는 존재를 주변인과의 관계에서 영향을 받아 성장하는 역사 사회적 존재로 보았다. 아이의 인지발달은 보다 성숙한 부모, 교사, 유능한 또래와의 상호작용을 통해 이루어진다는 의미이다. 또, 인지발달을 위한 상호작용에서 필수적으로 필요한 것이 언어발달이다. 아이의 언어는 부모의 언어를 통해 가장 먼저 발달하기 시작한다. 그래서 좋은 훈육도 좋은 언어로 진행해야 한다. 좋은 훈육을 통해 현재 할 수 있는 것에서 도움을 언어 할 수 있는 단계를 거쳐 자신의 잠재력을 발휘하는 수준으로 발전하게 되는 것이 아이의 발달 과정이다.

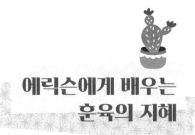

에릭슨에게 배우는
훈육의 지혜

　　정신분석학자이며 아동발달에 지대한 공헌을 한 에릭 에릭슨(Erik Erikson)이
제시하는 심리 사회적 발달이론에 맞추어 부모가 어떻게 아이를 가르치고 깨
닫도록 해야 하는지 알아보자.

　　에릭슨은 커가는 아이는 시기별로 꼭 성취해야 할 발달과업이 있다고 말한
다. 부모는 아이가 자신의 발달과업을 잘 성취할 수 있도록 가르치고 도와주어
야 한다. 에릭슨은 인간의 발달을 8단계로 나누었다. 그리고 각각의 단계별로
극복해야 할 심리 사회적 위기와 위기를 극복함으로써 얻게 되는 발달과업을
제시했다. 심리적 위기를 극복하는 과정에서 훈육이 필요하고, 발달과업을 수
행하기 위해서도 가르침이 필요하다. 아이의 성장시기별 심리 상태만 이해해
도 훈육이 지금처럼 어렵지는 않을 것이다. 여기서는 0세에서 10세 아이의 발
달에 대해 알아보기로 한다.

0~1세 : 신뢰감 키워주기

0~1세는 신뢰감 대 불신감의 단계이다. 성취해야 할 긍정적인 과업은 기본적인 신뢰감이다. 갓난아기의 무의식적 질문, '세상은 믿을 만할까? 내가 나를 믿어도 될까?'에 대한 응답을 주어야 하는 시기이다. 신뢰감은 '날 이렇게 돌봐주는 걸 보니 사람이란 믿을 만하구나. 세상은 믿을 만한 곳이군. 난 중요하고 괜찮은 사람이야'라는 자신과 타인 그리고 세상에 대한 신뢰감을 말한다. 부모의 따뜻하고 정성스러운 보살핌과 주변 세계의 일관성 있는 지지를 받으면 신뢰감을 얻을 수 있다. 반면 주위의 보호가 부적절하면 불신감을 갖게 된다.

어렵게 생각할 필요 없다. 우리의 전통적 육아방식은 애착과 신뢰감 형성에 매우 적합하다. 어디선가 본대로 따라 하기만 해도 이 시기의 발달과업인 신뢰감 형성은 저절로 이루어진다. 이 시기엔 훈육이라는 개념보다는 환경을 잘 구성하고 안정적으로 먹고 자고 배변하는 일만 신경 써주어도 된다.

아기가 "앙" 하고 울면 엄마는 "배고프구나. 기저귀가 젖었니? 어디 불편해?"라며 아기를 보살핀다. 기계적으로 젖을 주고 기저귀를 가는 것과는 큰 차이가 있다. 아기는 청각부터 발달한다. 엄마의 따뜻한 보살핌과 사랑이 담긴 목소리를 들으며 심리적 안정감을 갖게 된다. 이미 당신은 아이와 함께 이런 과정을 거쳤을 거라 확신한다.

2~3세 : 자율성을 키워주는 훈육

아이가 태어난 지 1년이 넘었다는 것은 참 큰 의미가 있다. 자신의 두 발로 땅을 딛고 설 줄 알고 원하는 곳으로 걸어갈 수 있다. 두 손으로 만지고 싶은 것을 만지고 말을 알아듣기 시작하고 "엄마, 아빠"라 부르고 원하는 걸 말로 표현하기 시작한다. 마음 가는 대로 손 가는 대로 행동하기 시작한다. 이제 기어 다닐 때까지와는 전혀 다른 것들을 가르칠 때가 된 것이다. 본능적으로 움직이는 눈과 입, 손, 발들이 제 방향을 잡아 움직이도록 가르치고 또 가르쳐야 한다. 아이의 발달에 맞추어 아이가 이해할 수 있는 언어로 아이 마음이 움직이도록 가르쳐야 한다. 그런데 훈육이라는 말만 들으면 아이의 나이와 상관없이 여전히 똑같은 모습과 장면만 떠오른다면 이제 아이의 성장 시기별로 필요한 훈육이 어떤 것인지 알아야 할 때이다.

만2~3세 시기는 자율성 대 수치심의 단계이다. 발달과업은 자율성이다. "내가, 내가", "싫어, 싫어!"라고 외치는 시기이다. "내가 할 거야. 나 혼자 할 거야"라고 말하는 아이에게 스스로 할 기회를 제공하자. 단, 무제한의 자유가 아니라 아이가 하면 할수록 더 잘하게 되는 행동을 시도하도록 도와주어야 한다. 혼자 밥 먹겠다는 아이, 혼자 옷을 입겠다는 아이를 제재하기만 한다면 아이는 '난 능력이 없는 사람인가 봐'라고 생각하게 된다. 아이가 스스로 하기 어려운 과제를 주는 것도 자신의 무능함에 수치감을 갖게 된다. 결국, 과잉보호나 방치 혹은 지나친 훈육 모두 아이의 심리적 성장을 방해할 뿐이다.

이 시기 훈육에서 중요한 것은 아이의 자발적 의욕을 지지하고 수용해주는 일이다. 단, 수용의 폭을 넓히기 위해서는 환경 구성이 중요하다. 이것저것 아이가 만지면 안 되는 것투성이인 환경에서 하지 말라고 백만 번 외치는 건 어리석은 일이다. 내가 하겠다고 하는 아이에게는 다음과 같은 4단계 언어로 훈육해야 한다. 가르치는 게 훈육이라는 기본뜻에 가장 충실한 시기가 바로 이때이다.

훈육을 위한 4단계 언어

1. 수용하기	"그래. 네가 한번 해봐."
2. 노력 칭친하기	"와, 잘하네."
3. 가르침	"그건 이렇게 하는 거야."
4. 노력 칭찬하기	"와, 정말 잘하네."

4~5세 : 주도성을 키워주는 훈육

만4~5세 시기는 주도성 대 죄책감이 형성되는 단계이다. 성취해야 할 과업은 주도성이다. '주도성'이란 아이가 자신과 주변의 세상에 대해 책임감을 가지고 주인이 되어 이끌어가려는 태도를 말한다. 그래서 뭐든 자기 뜻대로 하려고 하고, "내가 선택할 거야"라는 강력한 의지를 보여준다. 새로운 것을 해보려는 호기심도 무척 많으며 '내 컵, 내 가방, 내 옷, 내 인형, 내 장난감' 등 자신이 책임지는 것에 관심을 갖는다. 그래서 뭐든지 '내 것'이라 우기고 떼쓰는 행동이 많아지고 말대꾸를 하게 된다.

이 시기의 아이에게는 작은 일이라도 스스로 결정하고 끝까지 해내어 성취감을 느끼는 것이 중요하다. 당연히 많은 실수를 하겠지만 그 속에서 아이가 잘해낸 것을 찾아 격려해주고 다음에 좀 더 발전할 수 있게 이끌어주자.

이제 소근육도 발달해서 배우고 싶은 것도 많고, 진짜 잘하고 싶은 욕구가 하늘을 찌른다. 그러니 엄격하고 단호한 태도의 훈육은 더더욱 먹혀들지 않는다. 아이의 실수나 잘못에 지나치게 엄격하게 혼내거나 심한 벌을 주면 아이는 죄의식에 사로잡혀 건강한 자아를 만들지 못한다. 더 따뜻하게, 단단하게 행동의 경계를 알려주며 많은 것을 가르쳐주어야 할 때이다.

주도성을 키워주는 훈육법

1. 주도적 태도를 칭찬하기	"네 생각이 정말 멋지구나." "좋은 생각을 많이 하는구나."
2. 가르침 제안하기 　 선택을 칭찬하기	"한 가지만 배우면 더 잘할 것 같아." "가르쳐줄까?" "좋은 선택을 할 줄 아는구나."
3. 배우는 태도 칭찬하기	"잘 배우는구나. 현명하구나. 훌륭해."
4. 노력 칭찬하기	"마음먹으면 끝까지 해내는구나." "포기하고 싶은 마음을 잘 이겨내는구나."

6~10세 : 근면성을 키워주는 훈육

만 6세 이상의 초등학교 시기는 근면성 대 열등감이 형성되는 시기로, 근면성이 발달과업이다. 한마디로 '난 잘하고 싶어'라는 욕구가 강한 시기이다. 이 시기의 아이들은 성취동기가 강하다. 무언가를 배우고 익히기를 좋아한다. 열심히 공부해서 훌륭한 사람이 되고 싶다는 소망도 갖게 된다. 아이가 열심히 하려는 것을 격려하고 칭찬해주는 것이 중요하다. 가장 중요한 것은 학교 공부로만 아이의 능력을 판단하지 않아야 한다는 것이다.

공부를 잘해야만 근면성이 획득되는 것은 아니다. 자신이 유용하게 사용할 수 있는 다양한 기술을 배우고 좋아하는 것에 대한 지식을 쌓아가며 또래를 비롯한 주변 사람들로부터 칭찬과 지지를 받아야 하는 시기이다. 주변 사람들과의 비교나 능력 부족을 비난하는 말을 자주 들으면 심한 열등감을 갖게 되며, 건강한 성인으로 자라는 데 큰 걸림돌이 된다.

아이의 근면성을 키우는 부모의 훈육법을 알아보자. 초등학교 저학년은 이제 배우고 익히기를 시작하는 단계이다. 학교에 다니면서 자신이 감당해야 할 공부와 과제를 부여받게 된다. 초등학교에 입학하면서부터 '난 공부를 못하는 아이. 공부를 싫어하는 아이'라 생각하고 시작하는 아이는 없다. 누구나 공부를 잘하고 싶고 자신이 잘할 수 있을 거라고 생각한다. 아이의 이런 생각을 잘 키우고 발전할 수 있게 도와주면 된다.

근면성을 키워주는 훈육법

1. 자기 계획을 질문하기	"숙제는 언제하고 싶어? 놀이는?" "너한테 가장 좋은 시간표를 한번 짜볼래?"
2. 선택을 칭찬하기	"지혜롭게 선택할 줄 아는구나." "자기 약속을 지킬 줄 아는구나."

3. 긍정적 의도를 칭찬하기	"정말 잘하고 싶구나. 열심히 노력하려 애쓰는구나."
4. 발전을 위한 질문하기	"이럴 땐 어떻게 하면 좋을까?"

아이는 오늘도 자라고 있다. 어제의 아이와 오늘의 아이는 다르다. 아이는 날마다 조금 더 배우고, 조금 더 잘하게 되고, 조금 더 멋진 사람으로 성장하고 싶다. 부모의 훈육은 그런 아이를 도와주는 일이다. '따뜻하게' 아이 마음을 공감하고 다독여야 한다. '단단하게' 지킬 건 지킬 수 있도록 도와주어야 한다. 그리고 한 가지씩 새로운 걸 '깨닫도록' 이끌어준다면 아이는 눈부시게 자라기 시작한다. 따뜻하게, 단단하게, 깨닫는 훈육으로 부모와 아이 모두가 행복하게 성장해갈 수 있을 것이다.

에필로그

이 책을 마무리하는 즈음 13개월 아기의 이야기를 들었다. 엄마는 아기가 6개월 즈음부터 필자가 진행하는 부모 교육 과정에 참여하였다. 그녀는 임신했을 때부터 여러 육아서를 열심히 읽고 적용하려 애썼다고 한다. 남편에게도 중요한 내용을 전하고 생각이 다른 부분은 함께 의견을 나누고 약간의 교육도 했다고 한다. 그리고 아기가 태어나고 난 후 몇 가지 원칙을 세워 엄마 아빠가 함께 아이의 행동을 잘 가르치려고 노력했다. 최근 부모 교육 과정에서 각자 아이의 강점을 찾아 이야기 나누는 시간을 가졌다. 그녀가 말하는 13개월 아기의 강점에 이구동성으로 "13개월이 어떻게 그럴 수가 있어요!"라며 놀라고 감탄했다. 그녀가 말하는 13개월 아기의 강점이다.

① 잠을 규칙적으로 혼자서 푹 잘 잔다.
② 잠에서 깨도 울지 않고 혼자 놀면서 엄마를 기다린다.
③ 주사를 맞아도 안 운다.
④ 뭐든지 잘 먹는다
⑤ 음식은 의자에서 앉아서 먹는다.
⑥ 컵으로 물 마시기 잘한다.
⑦ 사람들을 좋아한다.

⑧ 스킨십을 좋아한다.

⑨ 애교가 많다

⑩ 카시트도 잘 탄다.

⑪ 겁이 없어서 아빠가 던져도 좋아한다.

⑫ 배변 활동을 잘한다.

⑬ 쉼 없이 움직인다.

⑭ 목욕을 잘한다.

⑮ 머리 위에 물 뿌려도 잘 참는다.

⑯ 호기심이 많다.

⑰ 소리 지르는 것을 싫어한다.

⑱ 높은 데서 내려올 때 조심히 내려온다.

어떻게 아기가 이렇게 좋은 모습을 갖게 되었는지 그녀에게 물었다.

"당연히 울기도 하고 싫다고 거부하기도 했죠. 그때마다 잘 달래주고 웃기기도 하면서 계속 버텼어요. 그랬더니 조금 시간이 지나니 잘 적응했어요. 조금씩 습관이 되었고, 이젠 편안하게 잘 되는 것 같아요."

원래 순둥이라서 그런 것이 아니었다. 따뜻하게 아이의 마음을 받아 주면서도, 꼭 지켜야 할 것은 단단하게 가르쳐 주었기에 가능한 모습이었다. 따뜻하고 단단한 엄마 아빠의 훈육이 이렇게 예쁜 아기로 자라게 한다는 걸 또다시 확인할 수 있어 무척 기쁘다. 1살~10살 아이라면 얼마든지 달라질 수 있다. 따뜻하고 단단한 훈육으로 아이의 멋진 모습이 발현될 수 있기를 진심으로 기대한다.

소리 지르고 후회하고, 화내고 마음 아픈 육아는 이제 그만!

따뜻하고 단단한 훈육

초판 1쇄 발행 2017년 6월 12일
초판 10쇄 발행 2022년 8월 16일

지은이 이임숙
펴낸이 민혜영
펴낸곳 (주)카시오페아 출판사
주소 서울시 마포구 월드컵로 14길 56, 2층
전화 02-303-5580 | **팩스** 02-2179-8768
홈페이지 www.cassiopeiabook.com | **전자우편** editor@cassiopeiabook.com
출판등록 2012년 12월 27일 제2014-000277호
편집1 최유진, 오희라 | **편집2** 이호빈, 이수민 | **디자인** 이성희, 최예슬
마케팅 허경아, 홍수연, 이서우, 변승주
외주편집 이하정 | **외주디자인** 김진디자인

ISBN 979-11-85952-82-6 (03590)
이 도서의 국립중앙도서관 출판시도서목록(CIP)은 서지정보유통지원시스템 홈페이지(http://seoji.nl.go.kr)와 국
가자료공동목록시스템(http://www.nl.go.kr/kolisnet)에서 이용하실 수 있습니다. CIP제어번호: CIP2017012749